国家级自然保护区生物多样性保护丛书

车八岭
苔藓植物图鉴

Cheba Ling Taixian Zhiwu Tujian

左勤　束祖飞　刘蔚秋　主编

SPM 南方传媒 | 广东科技出版社 全国优秀出版社

·广州·

图书在版编目（CIP）数据

车八岭苔藓植物图鉴 / 左勤，束祖飞，刘蔚秋主编. —广州：广东科技出版社，2024.5
（国家级自然保护区生物多样性保护丛书）
ISBN 978-7-5359-8187-5

Ⅰ. ①车… Ⅱ. ①左… ②束… ③刘… Ⅲ. ①自然保护区—苔藓植物—始兴县—图集 Ⅳ. ①Q949.35-64

中国国家版本馆CIP数据核字（2023）第216359号

车八岭苔藓植物图鉴
Cheba Ling Taixian Zhiwu Tujian

出 版 人：严奉强
责任编辑：区燕宜
封面设计：柳国雄
责任校对：邵凌霞
责任印制：彭海波
出版发行：广东科技出版社
（广州市环市东路水荫路 11 号 邮政编码：510075）
销售热线：020-37607413
https://www.gdstp.com.cn
E-mail：gdkjbw@nfcb.com.cn
经　　销：广东新华发行集团股份有限公司
印　　刷：广州市彩源印刷有限公司
（广州市黄埔区百合三路 8 号 邮政编码：510700）
规　　格：787 mm×1 092 mm 1/16 印张 14 字数 300 千
版　　次：2024 年 5 月第 1 版
2024 年 5 月第 1 次印刷
定　　价：128.00 元

《车八岭苔藓植物图鉴》编委会

主　编：左　勤　束祖飞　刘蔚秋

副主编：张　力　张应明　刘晋晖

编　委（按姓氏音序排列）：

陈尚修　官海城　何镜琳　黄淑珍　卢李荣

栾福臣　邱海燕　宋相金　谭海蓉　田雅娴

肖荣高　闫玉涵　钟淑婷

前言

Foreword

广东车八岭国家级自然保护区（以下简称车八岭保护区）位于广东省韶关市始兴县东南部（24°40′29″～24°46′21″N，114°09′04″～114°16′46″E），东与江西省赣州市全南县交界，南连始兴县司前镇，西邻始兴县刘张家山林场，北接始兴县罗坝镇都亨，总面积约75.45 km^2。车八岭保护区位于南亚热带的北界，中亚热带的南缘，为南亚热带向中亚热带过渡地带。保护区内气候属亚热带湿润型季风气候，温暖湿润，年平均气温为19.6 ℃，其中1月平均气温约10 ℃，7月约29 ℃，年降水量1 150～2 126 mm，季节变化较大，降水主要集中于4—6月。区内地带性植被为中亚热带典型常绿阔叶林。

车八岭保护区在地质构造上属华南褶皱系，区内地貌复杂、山高谷深，地势西北高东南低，最高峰天平架海拔1 256 m，最低处樟栋水海拔330 m。保护区内东北走向的中山，可作为抵挡寒潮入侵的屏障，南北走向的低山，有利于湿润的东南季风进入；变质砂岩风化强烈，断层破碎，节理发达，流水容易下渗，是水源涵养的理想林区。区内土壤的主要类型为红壤，分布于海拔700 m以下，红壤面积占保护区面积的78%以上，海拔700～1 000 m为黄壤带，海拔1 000 m 以上为草甸土带。

车八岭保护区的山体古老，地形复杂，水热条件优越，为动植物生存提供了多样化的生境，加上第四纪以来未受冰川影响，孕育了非常丰富的动植物资源。保护区内植物区系属南亚热带过渡的区系类型，起源古老，保存有不少古老孑遗植物。区内有石松类和蕨类植物25科231种，种子植物162

科1 526种。其中，有国家二级重点保护野生植物桧叶白发藓（*Leucobryum juniperoideum*）、伯乐树（*Bretschneidera sinensis*）、伞花木（*Eurycorymbus cavaleriei*）、野大豆（*Glycine soja*）等。

苔藓植物是一类相对原始的小型陆生植物，是植物多样性的重要组成部分。为了对车八岭保护区整体区域的苔藓植物资源进行调查和评估，获得完整的苔藓植物本底数据，并为保护区的管理及规划提供依据，项目组分别于2020年11月、2021年5月和7月，以及2023年5月多次到车八岭保护区开展苔藓植物标本采集，考察范围包括保护区管理局附近、博物馆一带、三角塘教育径、松树坑、车八岭、企岭下、细坝横坑口、单竹坑、梁桥坑、饭池嶂、叶坑尾、鹿子洞、仙人洞、黄竹山、县道X346往仙人洞村沿路三家村及张都坑等，基本覆盖了保护区范围内重要区域并充分考虑海拔梯度，最高海拔1 200 m。采集苔藓植物标本1 000多号，拍摄苔藓植物照片数千张。根据文献记录及本次调查，车八岭保护区共记录苔藓植物69科145属286种（含种下分类单位），其中苔类植物29科42属84种，角苔类植物3科4属4种，藓类植物37科99属198种。本书收集了车八岭保护区苔藓植物共65科119属 202种，其中苔类植物27科38属68种，角苔类植物3科4属4种，藓类植物35科77属130种。

本书以图文结合的形式，选取车八岭保护区苔藓植物大部分类群的野外照片和显微照片以展示每个物种的主要特征。希望能让“不起眼”的苔藓植物走入公众视野，使读者对生物多样性有更全面的认识。

由于作者水平有限，本书错漏在所难免，敬请读者批评指正。

编　者

2023年12月

目录

Contents

苔类植物门
Marchantiophyta

角苔植物门 Anthocerotophyta

藓类植物门 Bryophyta

苔类植物门

Marchantiophyta

1. 裸蒴苔科 Haplomitriaceae

圆叶裸蒴苔 *Haplomitrium mnioides* (Lindb.) R. M. Schust.

采集号｜ cblzd2021220，cblzd0113，CBLXH0147，CBLXH0337

植物体质感柔嫩，呈浅黄绿色、浅绿色或鲜绿色。基部具匍匐、肉质的根状茎，地上部分常直立，不分枝。侧叶近圆形或卵圆形，长大于宽，叶边全缘。腹叶与侧叶形似但略小于侧叶。雌雄异株。雄株先端呈鲜明的花状，精子器聚生于苞叶间，在不同成熟期呈浅白绿色、鲜黄色或灰色。繁殖期雄株的外形使圆叶裸蒴苔更为引人注目，这也是其非常直观的一个识别特征。保护区内5月可见。

常稀疏或密集生长于山道旁或溪流、小河畔相对荫蔽处的湿润土壤或岩面上，保护区内见于往单竹坑方向的沿途，以及往黄竹山和坳背坑方向的沿途。北半球亚热带地区及我国长江以南多省区有分布，但并非常见种类。

A 雄株放大，示精子器
B 野外生活照，示雄株
C 野外生活照，示配子体

2. 疣冠苔科 Aytoniaceae

石地钱 *Reboulia hemisphaerica* (L.) Raddi

采集号｜ cblzd0081，cblzd0134，cblzd2021201，CBLXH0272，CBLXH0429

叶状体扁平，革质，由多层细胞组成，背面呈灰绿色、浅绿色至深绿色，边缘常呈紫红色，无光泽至略具光泽。二歧分枝，宽常不及1 cm。背面具气孔，突出于叶状体表面，由（2）3～4（5）环细胞组成，下具气室。腹面多少呈紫红色，典型状态下腹鳞片覆瓦状排列于腹面中部两侧，每个鳞片呈半月形，具1～3个线形附器。雌雄同株或异株。雄器托垫状，近心形至马蹄形，贴生于叶状体背面中部。雌器托生于叶状体先端，托柄可达2 cm，托盘半球形，具3～6个裂瓣，蒴萼二唇形。成熟孢蒴球形，黑色。孢子球形，眼观及镜下呈黄褐色。本种在繁殖期产生雄器托和雌器托时极易辨认。保护区内收集于5月的样本中可见繁殖相关结构。

常成片生于道旁半阴处岩面或岩面薄土上，较易出现于受人类活动影响的环境中，保护区内见于三角塘自然学校附近和横坑角（企岭下检查站）附近。世界各地广布，我国多省区有分布。

A 野外生活照，示雌器托及成熟孢子体

B 未成熟孢子体

C 野外生活照，示叶状体

D 叶状体局部放大

3. 蛇苔科 Conocephalaceae

（1）蛇苔 *Conocephalum conicum* (L.) Dum.

采集号｜ cblzd0135，cblzd2021213，CBLXH0461

叶状体扁平，革质，由多层细胞组成，背面呈亮绿色至浓绿色，具光泽。二歧分枝，较肥厚，宽常可达1 cm以上。背面可见由四边形至六角形气室组成的鲜明网状结构，形似蛇皮纹理。气孔位于每个气室中央，突出于叶状体表面，由5～6环细胞组成。气室内具营养丝。叶状体横切面观可见表皮细胞排列平整，近长方形。腹面呈浅绿色，中部两侧各有1列多少呈紫色的腹鳞片，附器近圆形或肾形。雌雄异株。雄器托盘状，无柄，生于叶状体先端；雌器托锥形，具柄，生于叶状体先端。

A 野外生活照

B 野外生活照，示雄器托

常成片生于土面、岩面及岩面薄土上，较易出现于受人类活动影响的环境中，保护区内见于三角塘自然学校附近半遮阴的道旁水泥墙基部，与小蛇苔群体混生。北半球广布，我国多省区有分布。

（2）小蛇苔 *Sandea japonicum* Steph. ex Yoshin.

采集号｜cblzd0011，cblzd0008，CBLXH0042，CBLXH0043

叶状体扁平，革质，由多层细胞组成，背面呈浅绿色至浓绿色，几无光泽。树状分枝，较纤薄，宽常不及5 mm。背面可见由四边形至六角形气室组成的网状结构。气孔位于每个气室中央，突出于叶状体表面，由4～6环细胞组成。气室内具营养丝。腹面呈浅绿色，中部两侧各有1列多少呈紫色的腹鳞片，附器近圆形。雌雄异株。雄器托垫状，近椭圆形，生于叶状体先端。雌器托圆钝锥形，亦生于叶状体先端。叶状体先端常可见大量芽胞着生，此为本种非常直观的识别特征。保护区内收集于11月下旬的样本中可见雄器托及未成熟雌器托。

常成片生于土面、岩面及岩面薄土上，较易出现于受人类活动影响的环境中，保护区内见于管理局附近林缘公路边坡。东亚及南亚多国有分布，我国多省区可见。

A 野外生活照，示叶状体

B 群体局部，示雄器托及芽胞

C 群体局部，示雌器托及芽胞

蛇苔科

4. 地钱科 Marchantiaceae

（1）楔瓣地钱 *Marchantia emarginata* Reinw., Blunme & Nees

采集号｜ cblzd0012，cblzd2021005，cblzd2021029，cblzd2021039，CBLXH0346，CBLXH0450，CBLXH0452

叶状体扁平，革质，由多层细胞组成，背面常呈深绿色至微具蓝调的暗绿色，略具光泽，通常无深色中带。二歧分枝，宽常不及5 mm。组成气孔的细胞部分高于叶状体表面，部分嵌入气室。气室内具营养丝。叶状体背面多见芽胞杯，杯状，边缘具长1～4个细胞、宽1～2个细胞的毛状裂瓣。腹面常呈浅绿至紫色，中部两侧各有2列近半月形、多呈紫色的腹鳞片，附器近卵形至肾形，边缘多具齿。雌雄异株。雄器托生于叶状体先端，托盘掌状深裂，成熟时具4～10个（甚至以上）裂瓣，边缘常上翻，托柄常不及1 cm。雌器托生于叶状体先端，托盘深裂，成熟时具5～11个相对平展的楔形裂瓣，先端平截，托柄可达2 cm。孢蒴椭球形，黄褐色，开裂后肉眼可见孢子及弹丝聚成的橙黄色团块。杯状的芽胞杯为地钱属内常见种较为直观的识别特征，繁殖期成熟雌雄托盘的形态则为楔瓣地钱鲜明的识别特征。保护区内收集于5月下旬的样本中可见繁殖相关结构。

常成片生于相对阴湿处的土面、岩面及岩面薄土上，较易出现于受人类活动影响的环境中，保护区内见于单竹坑至管理局的沿途，以及松树坑和坳背坑附近的林缘道旁土坡上。分布于亚洲气候相对温暖的区域，我国多省区可见。

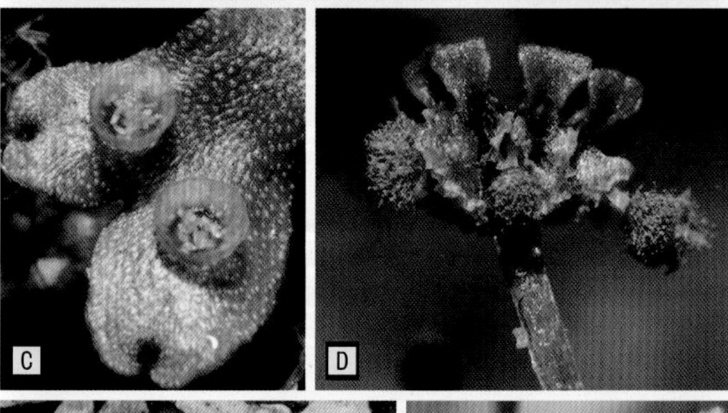

A 野外生活照，示雌器托
B 野外生活照，示雄器托
C 叶状体局部，示芽胞杯
D 雌器托局部，示开裂后的成熟孢子体、孢子及弹丝
E 野外生活照，示叶状体
F 雌器托局部，示成熟孢子体

（2）地钱 *Marchantia polymorpha* L.

采集号｜ cblzd0050，cblzd0098，cblzd2021138，CBLXH0075

叶状体扁平，革质，由多层细胞组成，背面常呈青绿色至灰绿色，略具光泽，常具连贯的深色中带，但有时不鲜明。二歧分枝，较肥厚，宽常达1 cm以上，边缘常略呈波状。组成气孔的细胞部分高于叶状体表面，部分嵌入气室。气室内具营养丝。叶状体背面多见芽胞杯，杯状，边缘具长11～15个细胞、宽6～12个细胞的裂片。腹面常呈浅绿色至浅紫色，中部两侧各有3列近半月形、多少呈紫色的腹鳞片，附器近卵形至心形，边缘多具小齿。雌雄异株。雄器托生于叶状体先端，托盘掌状浅裂，成熟时具6～10个裂瓣，边缘常上翻，托柄可达1 cm以上。雌器托生于叶状体先端，托盘深裂，成熟时具9～11个常向下弯曲的指状裂瓣，托柄可达3 cm以上。孢蒴近球形，黄色，开裂后肉眼可见孢子及弹丝聚成的黄色团块。保护区内收集于11月下旬至次年5月的样本中均可见繁殖相关结构。

常成片生于相对阴湿处的土面、墙面、岩面及岩面薄土上，较易出现于受人类活动影响的环境中，保护区内见于县道X346沿路道旁地面、管理局往松树坑方向的山道边坡上，以及黄竹山附近果园内，在华南地区相对不及楔瓣地钱常见。世界各地广布，我国多省区有分布。

A 野外生活照，示雄器托
B 雄器托特写
C 叶状体局部，示芽胞杯
D 野外生活照，示叶状体
E 野外生活照，示雌器托

5. 毛地钱科 Dumortieraceae

毛地钱 *Dumortiera hirsuta* (Sw.) Nees.

采集号｜ cblzd0146，cblzd0072，cblzd2021024

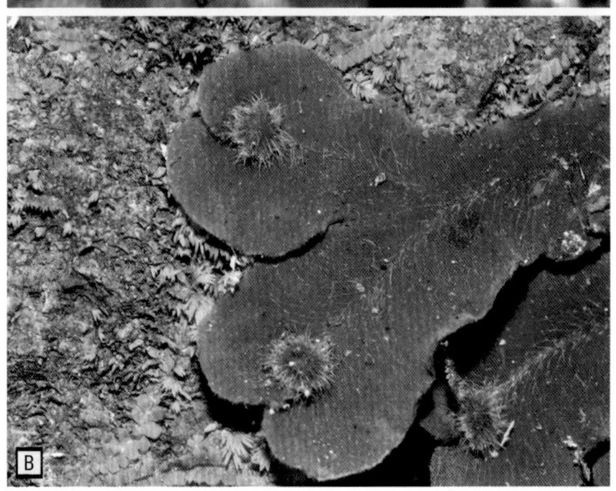

叶状体扁平，厚实略脆，由多层细胞组成，环境相对干燥时常呈浅绿色，湿润时多呈浓绿至深绿色，无光泽，背面具长纤毛。二歧分枝，较肥厚，宽常达1 cm以上，边缘常略呈波状，具毛。叶状体背面不具气孔，腹面不具腹鳞片。雌雄异株。雄器生于叶状体先端，圆形，垫状，边具毛。雌托生于叶状体先端，托盘圆盘状，成熟时浅裂为6～8瓣，背部具毛，托柄可达3 cm以上，蒴萼管状。孢蒴近球形，红褐色，开裂后肉眼可见孢子及弹丝聚成的红褐色团块。叶状体背面及繁殖期雄器托和雌器托上的纤毛为本种非常直观的识别特征。保护区内收集于11月下旬至次年5月的样本中可见繁殖相关结构。

常成片生于相对阴湿处的土面、墙面、岩面及岩面薄土上，较易出现于受人类活动影响的环境中，保护区内见于自然学校附近县道旁排水沟边。世界各地广布，我国多省区有分布。

A 野外生活照，示雌器托
B 野外生活照，示雄器托
C 野外生活照，示叶状体
D 叶状体局部，示背面纤毛

6. 钱苔科 Ricciaceae

（1）钱苔 *Riccia glauca* L.

采集号 | cblzd2021293

叶状体扁平，表面多少呈海绵状，常呈浅绿色或嫩绿色，无光泽。1～3回二歧分枝，宽常不及5 mm，有时成片生长，有时由数个植物体形成环状。背面先端可见线形或倒“V”形凹槽，凹槽近叶状体中部附近消失。无气孔，无气室。储藏组织厚6～9层细胞。腹鳞片退化。雌雄同株。精子器及颈卵器均嵌于叶状体内。保护区内收集的样本中暂未见繁殖相关结构。

常见于农地、花盆和绿化带土表等受人类活动影响的环境中，保护区内见于三家村及企岭下村附近农地。东亚、欧洲、北非及北美洲有分布，我国多省区广布。

A 叶状体局部

B 野外生活照，示叶状体

（2）稀枝钱苔 *Riccia huebeneriana* Lindenb.

采集号｜ cblzd0118，cblzd2021294，CBLXH117，CBLXH120，CBLXH121

叶状体扁平，常呈浅绿色，无光泽。1～3回二歧分枝，宽常不及1 mm，常由数个植物体形成环状。背面先端至中部具线形凹槽。横切面可见气室在边缘处较大，储藏组织厚3～5层细胞。腹鳞片退化。雌雄同株。精子器及颈卵器均嵌于叶状体内。保护区内收集的样本中暂未见繁殖相关。

常见于农地和绿化带土表等受人类活动影响的环境中，保护区内见于三家村附近菜地及道路旁。东亚、欧洲及美洲有分布，我国多省区有分布。

A 野外生活照，示叶状体（蓝色箭头所指为稀枝钱苔，红色箭头所指为钱苔）

B 叶状体特写

7. 小叶苔科 Fossombroniaceae

日本小叶苔 *Fossombronia japonica* Schiffn.

采集号｜CBLXH0108，CBLXH0111

植物体成片略稀疏至紧密匍匐生长，形成外观不甚规则的群体，黄绿色至嫩绿色。分枝较少，长往往不及1 cm，宽常不及3 mm。侧叶蔽后式排列，稀疏至相接，呈不规则矩形，边缘波状，具不规则齿突，叶基多少下延。叶中部细胞五边形至六边形，壁薄。雌雄同株。精子器及颈卵器混生于茎背面，裸露。繁殖期甚至肉眼可见黄色精子器及着生于短柄上的孢子体，孢蒴球形，成熟时深褐色至黑褐色。孢子红褐色，近椭球形至球形，表面可见鲜明的网格状脊。弹丝少，粗短，常单螺纹加厚。保护区内收集于11月下旬至次年5月的样本中均可见繁殖相关结构。

常见于农地及花盆土表等受人类活动影响的环境中，保护区内见于三家村附近菜地。主要分布于东亚及东南亚，我国广东、广西、福建、台湾和香港等地可见。

A 野外生活照

B 群体局部，示叶形

C 群体局部，示精子器

小叶苔科

8. 南溪苔科 Makinoaceae

南溪苔 *Makinoa crispata* (Steph.) Miyake

采集号｜ cblzd0124，cblzd2021063，CBLXH0054，CBLXH0148

叶状体扁平，呈不甚规则的宽带形，往往堆叠聚生，常呈浓绿色。二歧分枝，宽可达1 cm以上，边缘波曲。中轴不明显，干燥后植物体上可见深色中带。腹鳞片线形，纤小。雌雄异株。精子器聚生于略靠近叶状体先端处的弯月形凹槽内，外由苞膜包围，形成硬质团块。雌器苞芽状。保护区内收集的样本中暂未见雌器苞。雄器苞的位置和形态为本种较为直观的识别特征，未见繁殖结构时，肉眼下易与溪苔属，甚至湿润状态下的毛地钱混淆。

常生于林下溪谷中湿润的岩面或土表，保护区内见于往三角塘方向的沿途，以及往黄竹山方向的沿途。分布于东亚，我国南北多省区可见，但相对不甚常见。

A 叶状体局部，示雄器苞

B 野外生活照

9. 带叶苔科 Pallaviciniaceae

（1）多形带叶苔 *Pallavicinia ambigua* (Mitt.) Steph.

采集号｜ cblzd2021200，cblzd2021045，CBLXH0292

叶状体匍匐生长，带状，基部具长柄，常丛生为垫状，黄绿色、绿色至深绿色。不规则二歧分枝，宽常不及5 mm。中轴常明显分化，肉眼可见，边缘略波曲，具多细胞组成的毛状齿，齿较稀疏。雌雄异株。颈卵器聚生于中轴背面，由边缘具毛的碗状苞膜包围。保护区内收集的样本中暂未见精子器及成熟孢子体。本种在属内相对少见，叶状体基部长柄为其较为直观的识别特征。

常生于林下、林缘道旁或溪流边较为湿润的土面或岩面上，保护区内见于三角塘自然教育径。分布于东亚及东南亚，我国广东、福建、台湾、江西、湖南、贵州、重庆等地可见。

A 叶状体局部，示苞膜

B 野外生活照

（2）带叶苔 *Pallavicinia lyellii* (Hook.) Carruth.

采集号｜cblzd2021312，CBLXH0031，CBLXH0055，CBLXH0235，CBLXH0368

植物体匍匐生长，带状，稀疏或密集丛生，绿色至深绿色。不分枝或二歧分枝。中轴常明显分化，肉眼可见，边缘略波曲，具2～3个细胞组成的短齿，齿较稀疏。雌雄同株。精子器生于中轴背面两侧，每侧1列。颈卵器聚生于中轴背面，由边缘具毛的碗状苞膜包围。蒴柄透明狭长，可达3 cm。孢蒴长圆柱形，黑褐色，成熟开裂后肉眼可见红褐色弹丝和黄绿色孢子聚成的团块。保护区内收集于11月的样本中可见孢子体。本种为属内相对多见的种类，植物体前端通常较宽阔。

常生于林下、林缘道旁或溪流边较为湿润的土面、岩面或岩面薄土上，保护区内见于三角塘自然教育径、松树坑及企岭下检查站往司前镇方向的沿途。东亚、东南亚、大洋洲、非洲及美洲有分布，我国东部多省区常见。

A 野外生活照
B 叶状体局部，示苞膜
C 成熟孢子体特写

（3）长刺带叶苔 *Pallavicinia subciliata* (Austin) Steph.

采集号｜ cblzd0026，cblzd0121，cblzd2021016，CBLXH0520

植物体匍匐生长，常密集丛生，绿色至深绿色。二歧分枝，宽可达5 mm。中轴常明显分化，肉眼可见，边缘具多细胞组成的长毛状齿，有时甚至肉眼可见。雌雄异株。精子器生于中轴背面两侧，每侧1列。颈卵器聚生于中轴背面，由边缘具毛的碗状苞膜包围。保护区内收集的样本中暂未见成熟孢子体。本种生长一段时间后，植物体往往形成基部较宽阔，向先端渐尖的形态。

常生于与带叶苔相似的生境，保护区内见于企岭下村农地附近的山道旁。主要分布于东亚和南亚，我国南部多省区可见。

A 野外生活照，示雌株群体
B 雌株局部，示苞膜
C 野外生活照，示雄株群体
D 雄株局部，示排成两列的精子器

10. 溪苔科 Pelliaceae

花叶溪苔 *Apopellia endiviifolia* (Dicks.) Nebel & D. Quandt

采集号｜ cblzd0106，cblzd0073，cblzd2021014，CBLXH0114

植物体扁平，匍匐丛生，大型，浅绿色至深绿色。不甚规则的二歧分枝，宽可达1 cm。无明显分化的中轴，末端常有密集、纤细的叉状分瓣，为其无性繁殖体。雌雄异株。精子器陷于叶状体背面中部，散生。假蒴萼杯状，高于叶状体表面。保护区内收集的样本中暂未见精子器或成熟孢子体，5月下旬可见雌苞。植物体末端的无性繁殖分瓣形如花团锦簇，此为本种非常直观的识别特征。

常见于郊野、山区溪沟边湿润的石面或土表，也见于受人类活动影响的环境中，保护区内见于三家村附近菜地。亚洲、欧洲和北美洲有分布，我国南北多省区可见。

A 叶状体局部，示无性繁殖体及假蒴萼

B 野外生活照，可见叶状体边缘的无性繁殖体

11. 叶苔科 Jungermanniaceae

拟瓢叶被蒴苔 *Nardia subclavata* (Steph.) Amakawa

采集号｜ cblzd0074

植物体较小，丛生，长2.5 cm以下，绿色或褐绿色。茎匍匐，先端常倾立，叶覆瓦状蔽后式排列，呈圆形或肾形，先端圆钝或微凹。叶细胞壁薄，三角体大而明显，胞壁平滑。腹叶阔三角形，先端圆钝。雌雄异株。

喜生于林下岩面薄土上或树干基部，保护区内见于松树坑。分布于中国和日本，我国见于江西、湖南。

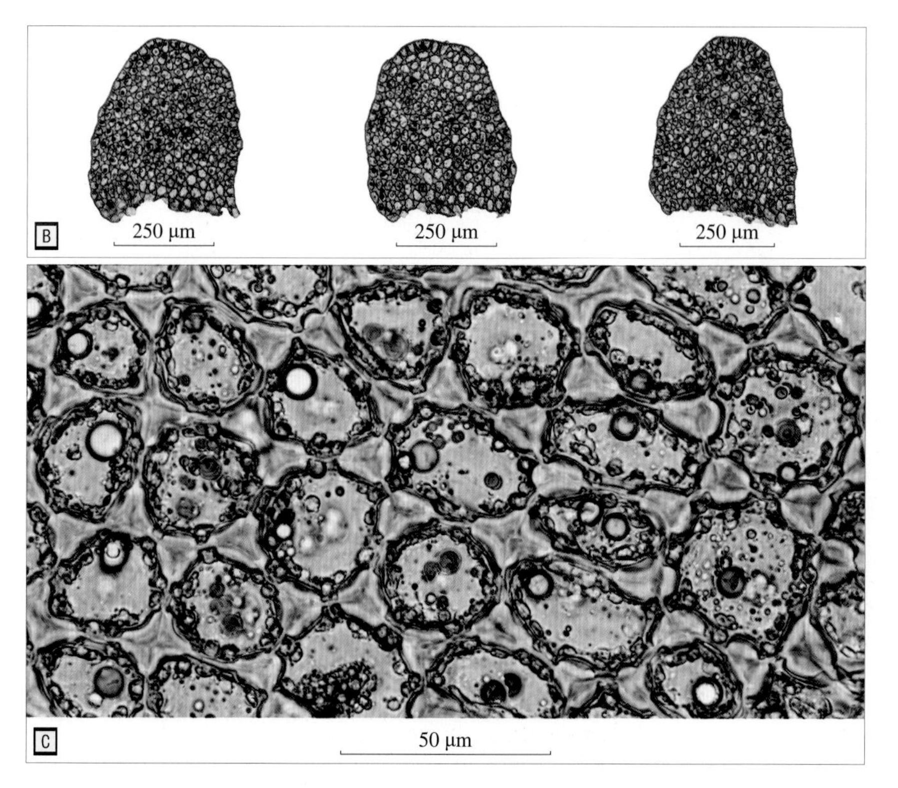

A 野外生活照
B 侧叶
C 叶中部细胞

12. 管口苔科 Solenostomataceae

（1）偏叶管口苔 *Solenostoma comatum* (Nees) C. Gao

采集号｜ cblzd0013，cblzd0085，cblzd2021341，cblzd2021009

植物体小，垫状丛生，淡绿色，中等大，连叶宽2～4 mm。假根多，无色或玫瑰红色，沿茎束状下垂。叶片覆瓦状排列，舌形，先端圆钝。叶细胞近六边形，壁薄，角质层具明显疣。

喜生于砂石质土、岩面上，保护区内见于三角塘、车八岭、鹿子洞和张都坑等地。分布于亚洲和非洲，我国多省区可见。

A 野外生活照（1）
B 野外生活照（2）
C 叶片
D 叶边缘细胞，示具密疣的角质层

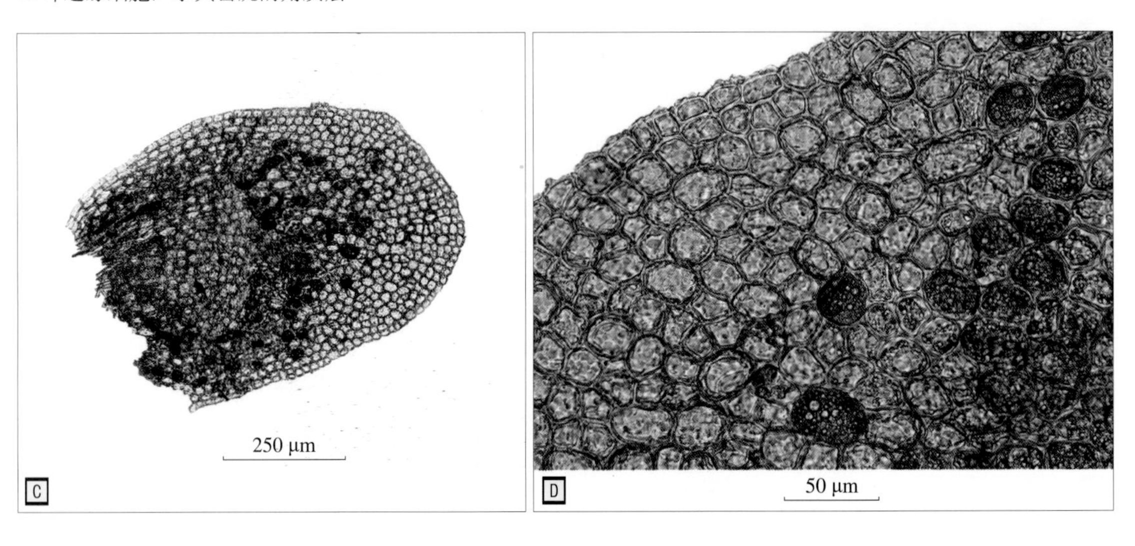

（2）红丛管口苔 *Solenostoma rubripunctatum* (S. Hatt.) R. M. Schust.

采集号｜ cblzd2021246，CBLXH0095

植物体较小，长不及1 cm，连叶宽0.7～1.2 mm，常淡绿色，有时红色。茎直立，常有直立的鞭状枝，在鞭状枝顶端及叶边缘常具圆形芽胞。叶小，疏覆瓦状，近横生，长0.6～0.9 mm，宽0.6～1 mm。叶细胞壁薄或相等加厚，三角体小或缺。保护区内采集的样本中未见繁殖结构。

喜生于林下湿地或湿石上，标本采集于管理局往松树坑方向的沿途。分布于中国和日本，我国见于广西、云南、重庆、福建及湖南等省区。

A 野外生活照，示红色配子体及芽胞

B 野外生活照，示鞭状枝及芽胞

C 带芽胞鞭状枝

D 叶片

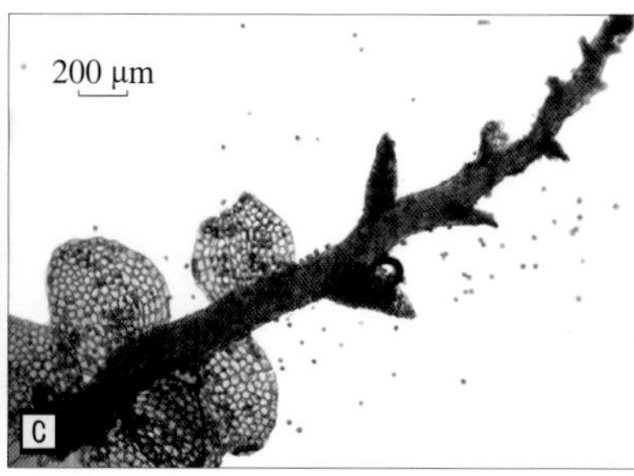

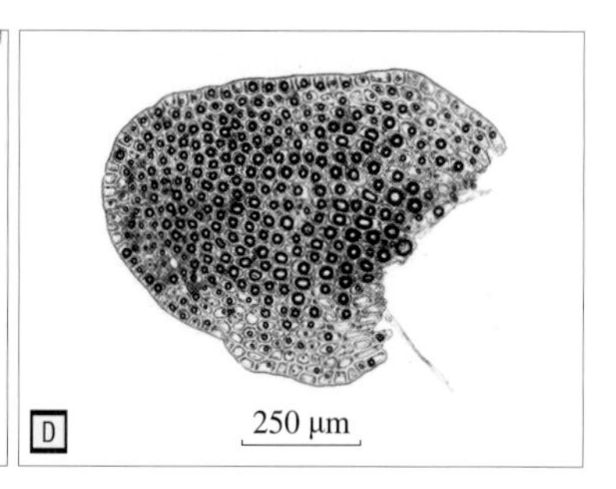

（3）截叶管口苔 *Solenostoma truncatum* (Nees) R. M. Schust. ex Váňa & D. G. Long

采集号｜ cblzd 0065，cblzd0149，cblzd2021019，cblzd2021342

植物体淡黄褐色，偶带紫红色，中等大，长1～1.5 cm，连叶宽0.8～2 mm。假根多数，散生，无色、浅褐色或紫红色。叶斜列，蔽后式着生，排列较紧密，叶长宽近相等，前端平截或圆钝。叶细胞壁薄，偶加厚，三角体大或小，角质层可见条形瘤。

喜生于岩面薄土或泥土上，保护区内见于松树坑、单竹坑口、鹿子洞和张都坑等地。分布于中国、南亚和东南亚，我国大部分省区广泛分布。

A 野外生活照（1）
B 野外生活照（2）
C 叶片
D 叶细胞，示三角体
E 叶细胞，示角质层条形瘤

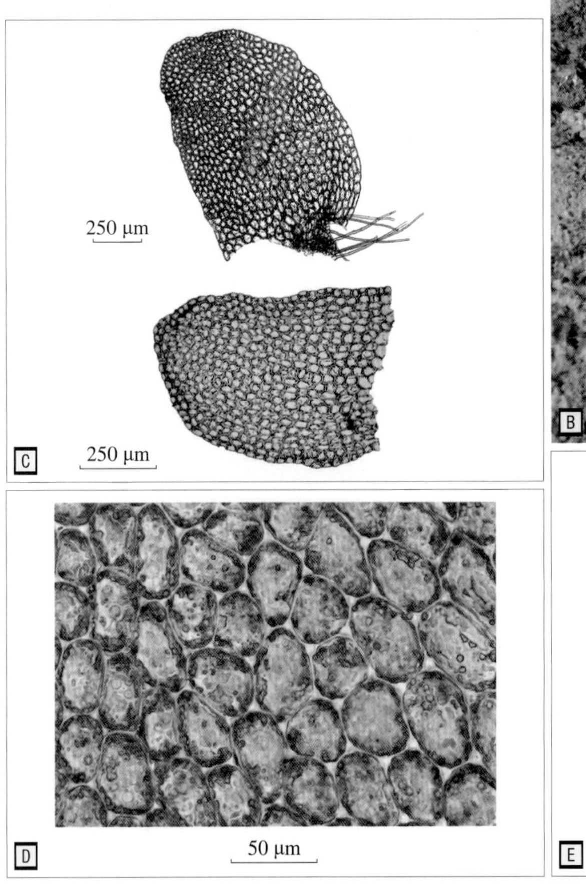

13. 假苞苔科 Notoscyphaceae

假苞苔 *Notoscyphus lutescens* (Lehm. & Lindenb.) Mitt.

植物体黄绿色。主茎匍匐，不规则分枝。侧叶平展，舌状，稀疏相接，叶尖圆钝。叶细胞壁厚，三角体明显，具细疣。腹叶相对较明显，2裂至叶长的1/2，裂瓣基部2～3个细胞宽，裂瓣外侧具1～2个钝齿。雌雄异株。雄穗在雄株上顶间或间生，每个雄穗具雄苞叶4至多对，分化为背瓣和腹瓣，背瓣小，腹瓣大。雌苞叶1～2对，上部边缘不规则波曲或开裂，基部常有一腹苞叶。

山区林下岩面薄土上常见，保护区内见于张都坑、企岭下保护站等地。分布于中国和日本，我国长江以南多数省区可见。

A 野外生活照
B 侧叶
C 腹叶及假根
D 叶边细胞，示三角体
E 叶中部细胞，示三角体

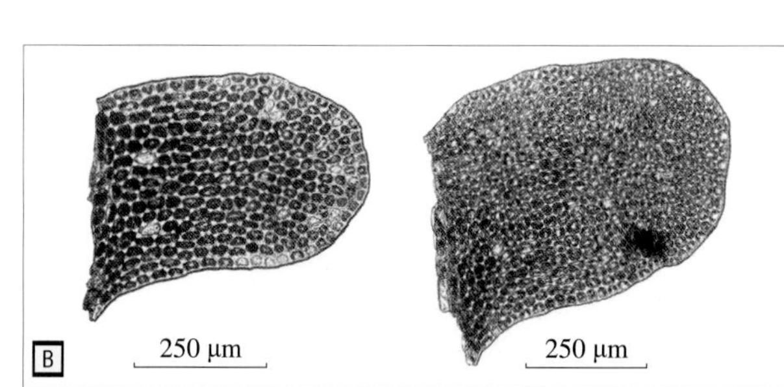

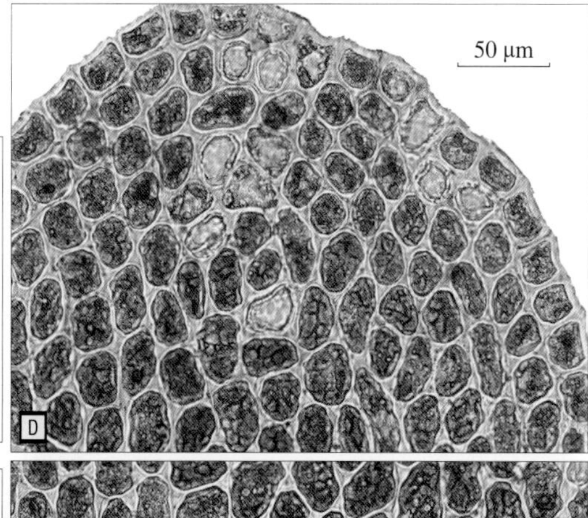

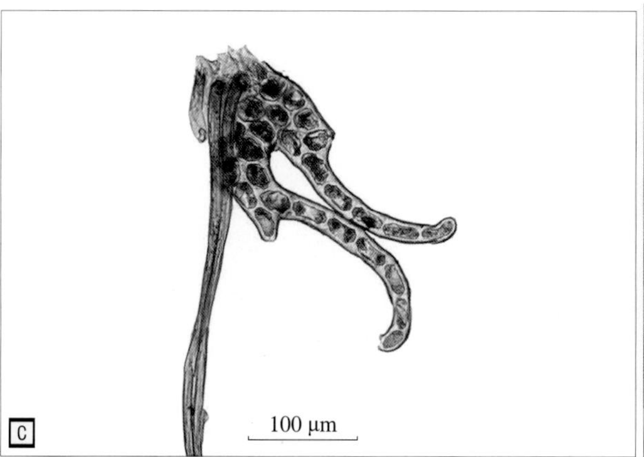

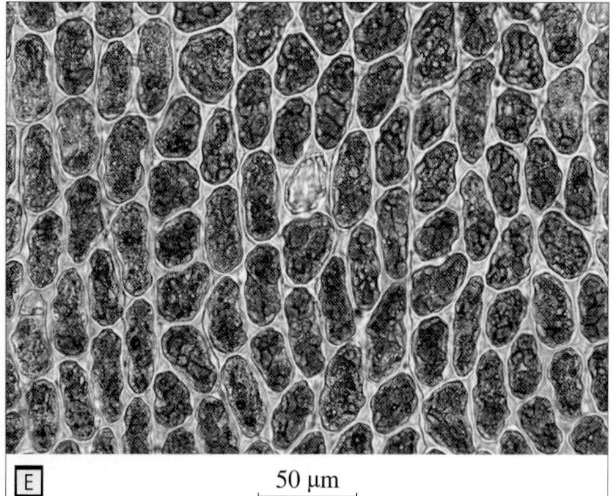

14. 护蒴苔科 Calypogeiaceae

刺叶护蒴苔 *Calypogeia arguta* Nees & Mont.

采集号｜ cblzd2021032，cblzd2021291，cblzd0029

植物体绿色或淡绿色，常与其他苔藓密集丛生形成小群落。茎匍匐，不规则稀疏叉状分枝，常具鞭状枝。假根仅生于腹叶基部。叶片3列，侧叶斜列茎上，离生或稀疏相接排列，叶基沿茎长下延，叶尖具2个锐齿。叶细胞壁薄，长多边形，三角体无或不明显，表面粗糙。腹叶小，与茎同宽，2裂至叶长的1/2，裂瓣再2深裂，裂瓣披针形。

喜生于泥土、田埂或石壁上，保护区内见于鹿子洞、企岭下村和三角塘等地。分布于亚洲、欧洲和北美洲，我国多省区可见。

A 野外生活照（1）
B 野外生活照（2）
C 侧叶
D 枝条腹面观，示腹叶

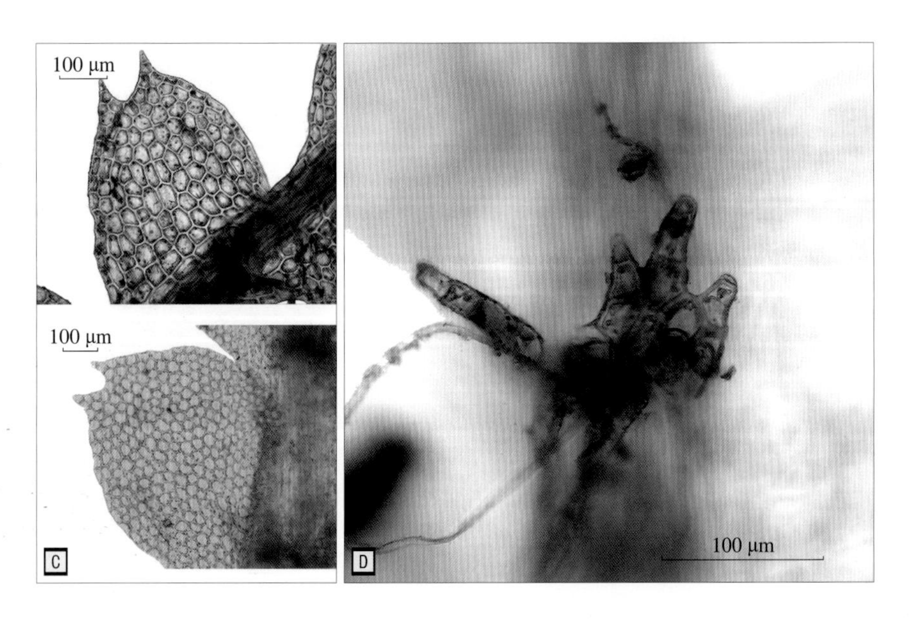

15. 大萼苔科 Cephaloziaceae

南亚大萼苔 *Cephalozia gollanii* Steph.

采集号｜ cblzc2021017，cblzc2021008，cblzc2021127，cblzc2021264

植物体小至中等大，淡绿色至暗绿色，交织平铺生长。侧叶分离斜生于茎枝上，2裂至叶长的2/5～1/2，2裂瓣略不对称，内曲呈钳形，裂瓣先端锐尖，长3～5个细胞，基部宽3～5个细胞。叶细胞较大，壁薄，无色透明。腹叶退化。雌雄异株。

喜生于林下腐木上，亦可见于石壁或土坡上，保护区内见于鹿子洞、企岭下村、仙人洞和单竹坑口等地。分布于中国、印度和泰国，我国见于南方地区。

A 野外生活照（1）
B 野外生活照（2）
C 枝条局部放大
D 叶片

B

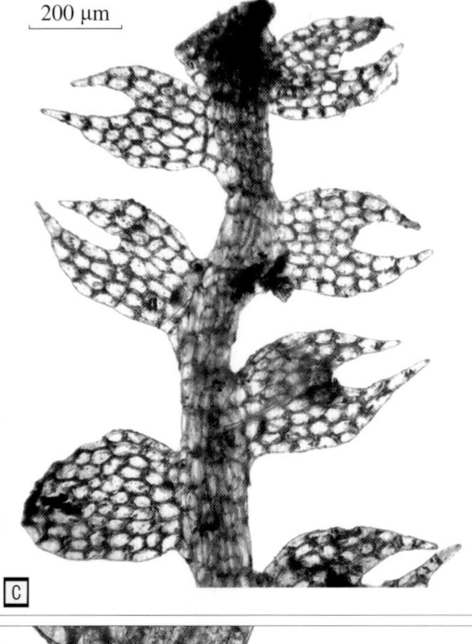

C

A

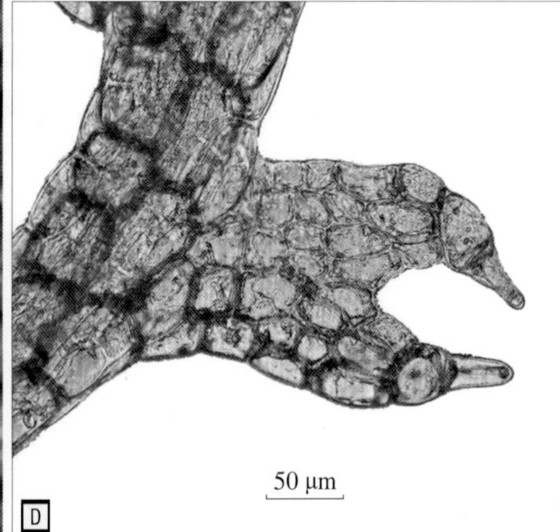

D

16. 拟大萼苔科 Cephaloziellaceae

小叶拟大萼苔 *Cephaloziella microphylla* (Steph.) Douin

采集号｜ cblzc2021056，cblzd2021014

植物体纤细，长不及10 mm，平铺丛生。叶3列，腹叶常退化。侧叶2列，横生，茎叶疏，枝叶密。叶长0.3～0.5 mm，深2裂达叶长的2/3，裂瓣三角形，边缘有粗齿。叶细胞方形或多边形，直径8～10 μm，有明显的乳头状疣。雌雄同株异苞。雌苞叶有齿。

喜生于树干基部或湿土上，保护区内见于鹿子洞和叶坑尾等地。分布于中国、日本、泰国、印度，我国东部季风区部分省区可见。

A 植物体形态

B 枝条局部放大

C 叶片（1个裂瓣）

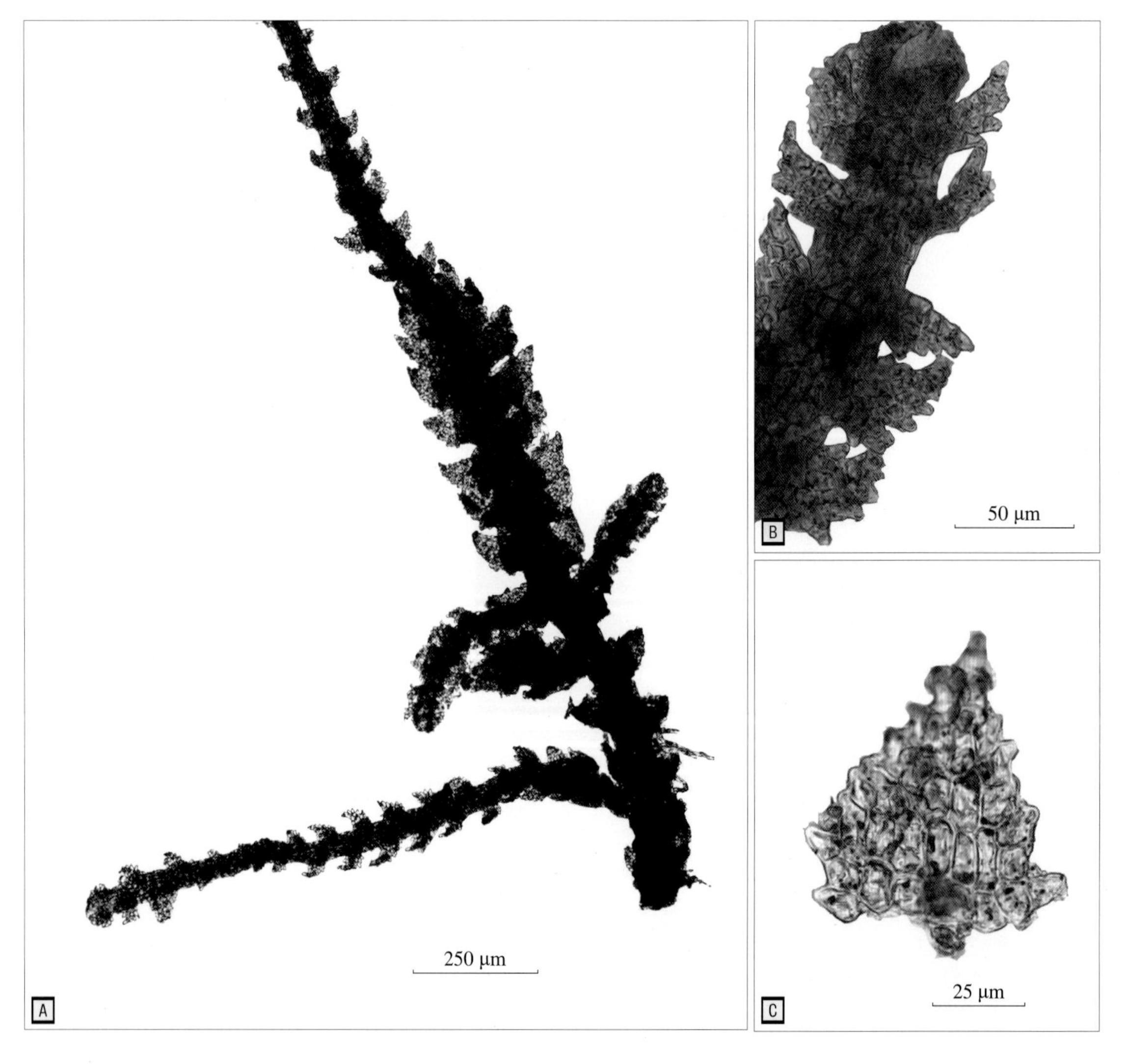

17. 挺叶苔科 Anastrophyllaceae

全缘褶萼苔 *Plicanthus birmensis* (Steph.) R. M. Schust.

采集号｜ cblzd2021094，cblzd2021282，CBLXH0400，CBLXH0513

植物体常密集丛生为垫状，较大型，硬挺，浅绿色至黄褐色，干时常略硬质且易碎，植株长可达6 cm以上。茎先端倾立，有时茎腹面着生鞭状枝。侧叶交互排列，近于横生，深裂为3个长三角形裂瓣，裂瓣基部具1～5个粗齿，中上部全缘，边缘略反卷。叶细胞为不规则多边形，壁不规则加厚，具三角体。腹叶横生，深裂为2个长三角形裂瓣，双侧基部常具2～3个粗齿。雌雄异株。保护区内收集的样本中暂未见繁殖结构。

常见于山区略开阔但较湿润的岩面或土面，保护区内见于企岭下村往长坑顶（尖峰崀）途中。分布于东亚、东南亚、南亚，马达加斯加也有分布，我国东部季风区及青藏地区部分省区可见。

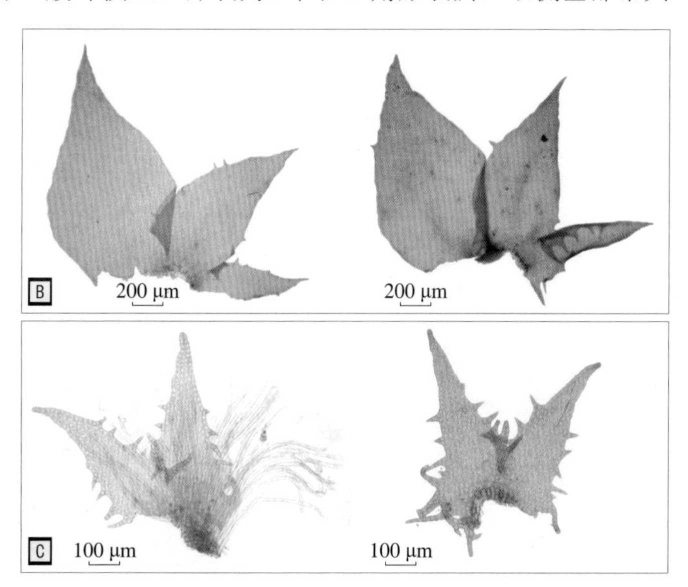

A 野外生活照
B 侧叶
C 腹叶

18. 合叶苔科 Scapaniaceae

（1）刺边合叶苔 *Scapania ciliata* Sande Lac.

采集号｜ cblzd2021349

植物体中等大小，高2～4 cm，连叶宽3～4 mm，绿色或黄绿色，有时带褐色。茎直立或先端上升。侧叶离生或相接排列，不等2裂至叶长的2/3，折合状，背脊约为腹瓣长的1/3。背瓣小，腹瓣大，为背瓣的2～2.5倍，先端圆钝，边缘具密集长透明刺状齿，多1个（稀2个）细胞。叶细胞具中等大小的三角体，角质层粗糙具明显密疣，芽胞2个细胞。蒴萼扁阔，口部截齐形，无褶。本种在野外较为常见。

喜生于林下湿地、腐木或岩面上，标本采集于保护区内张都坑。分布于东亚，我国多省区可见。

A 野外生活照（1）
B 野外生活照（2）
C 配子体放大，示叶边透明刺状齿
D 叶片
E 叶缘放大，示刺状齿

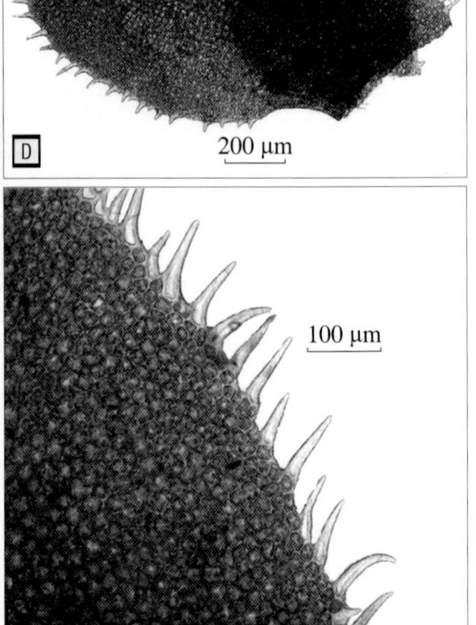

（2）柯氏合叶苔 *Scapania koponenii* Potemkin

采集号｜cblzd2021286

植物体中等大小，高1～2 cm，黄绿色。茎直立或先端上升，常有分枝。侧叶相接或覆瓦状排列，2裂至叶长的1/2，背脊较长，达腹瓣的1/2。背瓣小，先端钝或具小尖，超过茎着生，上部边缘具齿。腹瓣为背瓣的2倍，先端钝，边缘具不规则齿，齿长1～3个细胞，基部宽1～2个细胞。叶细胞具明显三角体，角质层具明显粗疣。芽胞由2个或1个细胞组成，椭圆形或球形。

喜生于岩面或土壁上，保护区内见于企岭下村。中国特有种，见于福建、贵州、湖南和广东等地。

A 野外生活照
B 枝条一段放大
C 叶片
D 叶缘，示不规则齿

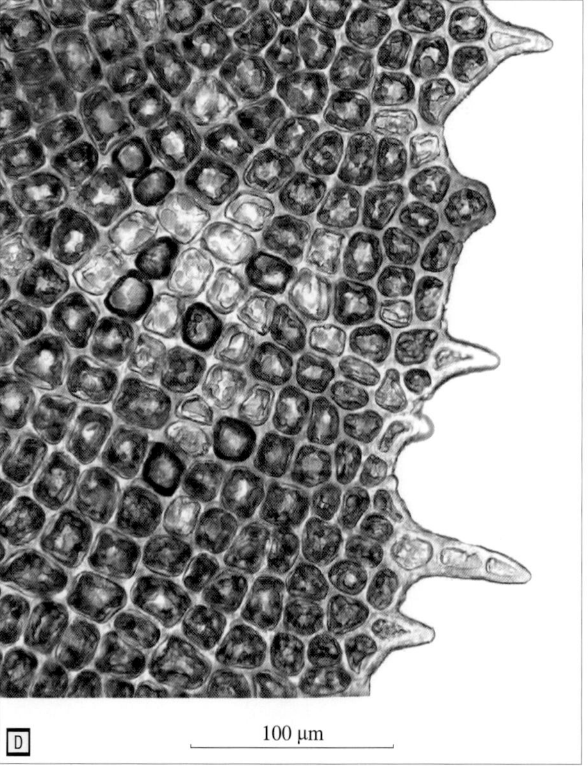

（3）多齿舌叶合叶苔 *Scapania ligulata* subsp. *stephanii* (Müll. Frib.) Potemkin, Piippo & T. J. Kop.

采集号｜ cblzd2021085

植物体小至中等大，长1～2 cm。茎直立或上升。侧叶离生或相接，叶片不等2裂至叶长的1/3，背脊为腹瓣长的1/3。腹瓣较大，先端钝、锐或具小尖，边缘具不规则粗齿，向上部变大。背瓣为腹瓣的3/5～3/4，近于横生，先端钝或锐尖，边缘具不规则多细胞齿。叶细胞具中等大小三角体，角质层平滑或略具细疣。芽胞绿色，由1个细胞组成。

喜生于岩面、树干或腐木上，标本采集于保护区内饭池嶂。分布于东亚，我国分布于除西北地区外的多数省区。

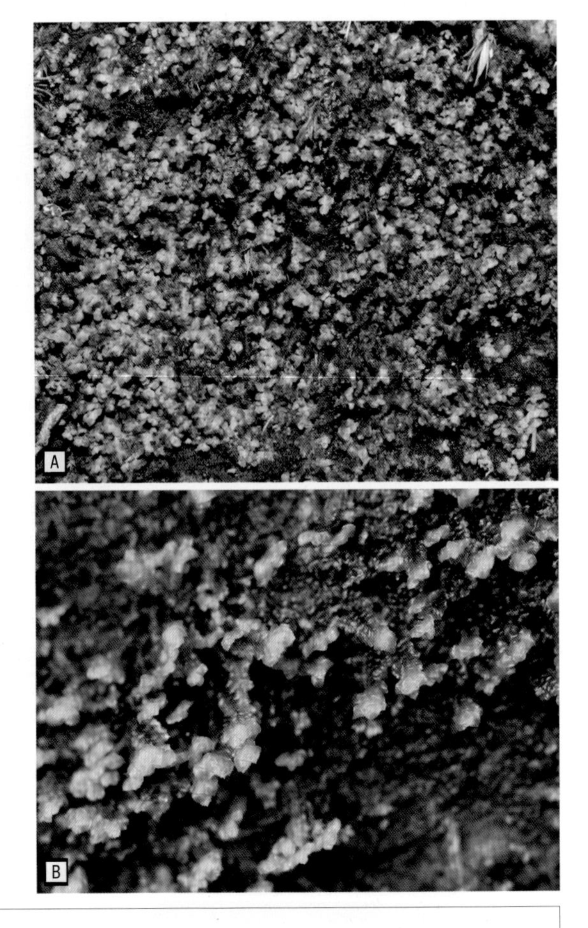

A 野外生活照（1）
B 野外生活照（2）
C 枝条顶部放大
D 叶片
E 叶缘，示不规则齿

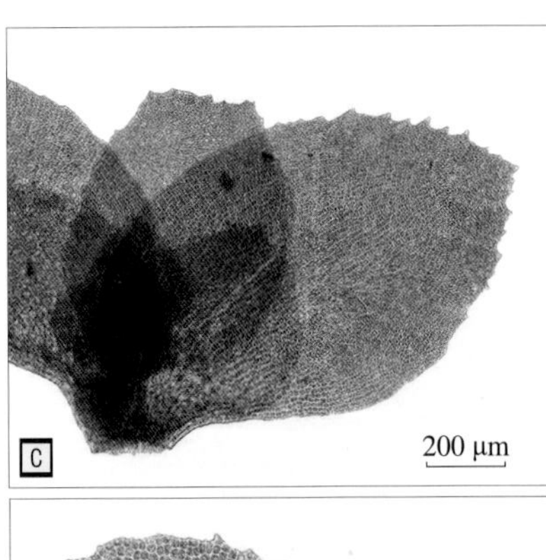

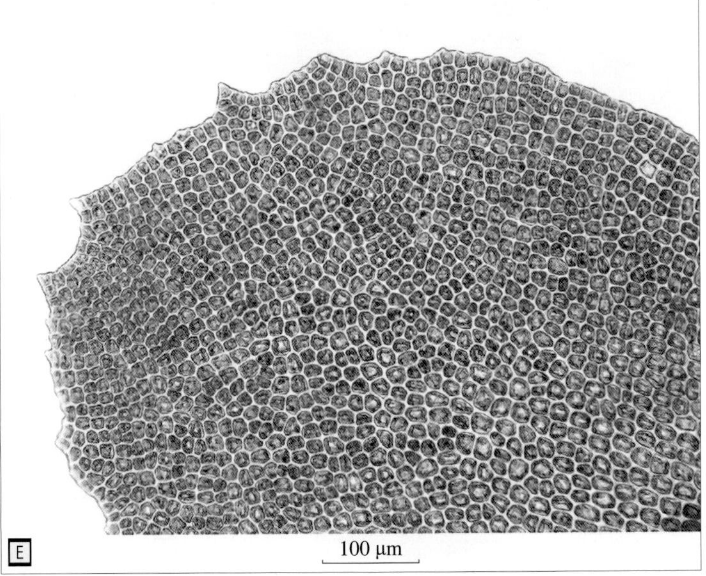

（4）斜齿合叶苔 *Scapania umbrosa* (Schrad.) Dumort.

采集号｜ cblzd2021281，cblzd2021272

植物体小至中等大，长1～1.5 cm，连叶宽1.5～2 mm，黄绿色。茎硬挺，直立或明显上升。叶片不等2裂至叶长的1/3～1/2，背脊为腹瓣长的1/3～1/2。背瓣小，腹瓣大，为背瓣的2～3倍。腹瓣近于横生，卵形至舌卵形，边缘具多细胞斜锯齿。背瓣与腹瓣同形，先端尖锐。叶腋具假鳞毛，叶细胞角部加厚，三角体明显，角质层平滑。芽胞细长椭圆形，由2个细胞组成。蒴萼口部截齐形。本种与斯氏合叶苔相似，区别是本种叶裂瓣为椭圆形或卵状披针形，叶边具多细胞斜生锯齿。

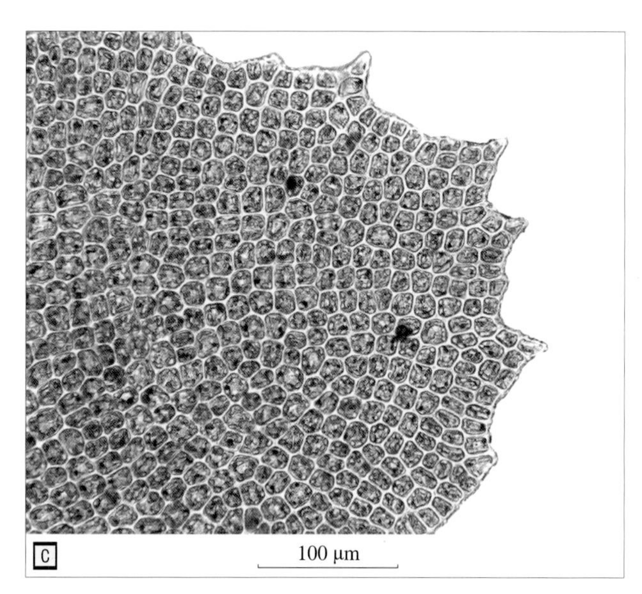

喜生于阴湿岩面或腐木上，保护区内见于企岭下村。分布于亚洲、欧洲和北美洲，我国见于四川、江西、湖南和福建等地。

A 野外生活照（1）
B 野外生活照（2）
C 叶边缘放大，示锯齿

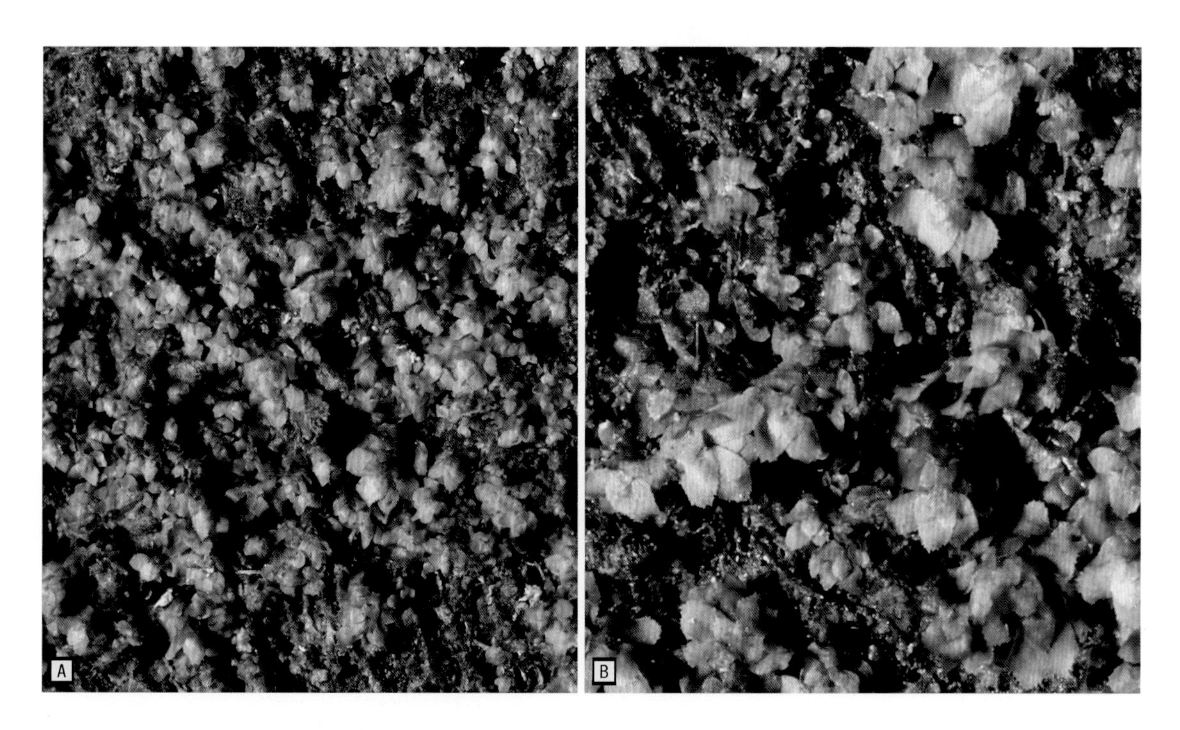

19. 睫毛苔科 Blepharostomataceae

睫毛苔 *Blepharostoma trichophyllum* (L.) Dumort.

采集号｜ cblzd0127

植物体柔弱，纤细，淡绿色，常与其他苔藓植物混生。茎直立或倾立，长5～10 mm，不规则分枝。叶片3列，侧叶3～4裂，裂至叶片基部，裂瓣由单列细胞组成，因状似眼睫毛而得名。叶细胞长方形，长为宽的3倍以上，壁薄，无三角体，角质层平滑。腹叶小于侧叶，在茎上横生，2～3裂达基部，与侧叶同形。

喜生于林下倒木或岩面上，保护区内见于单竹坑口。分布于亚洲、欧洲和北美洲，我国南北多省区可见。

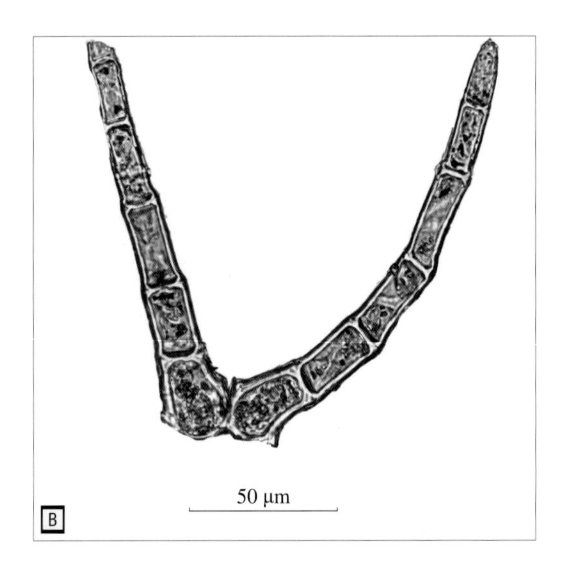

A 枝条放大，示叶深裂呈睫毛状

B 腹叶

20. 指叶苔科 Lepidoziaceae

（1）白叶鞭苔 *Bazzania albifolia* Horik.

采集号｜cblzd2021123

植物体中等大，长2～3 cm，绿色。茎叉状分枝，鞭状枝较少且短。叶片3列，密覆瓦状，侧叶蔽前式排列，水平向外伸出，稍呈镰刀形弯曲，长舌形，较透明，长1～1.1 mm，3浅裂，裂片三角形。腹叶透明，覆瓦状排列，约为茎的2倍宽，长大于宽，先端圆钝，平滑或具2～3个钝裂片，侧边全缘或波状。

生于林下土上，保护区内见于企岭下村。中国特有种，我国分布于西藏、贵州、重庆、湖南及台湾等地。

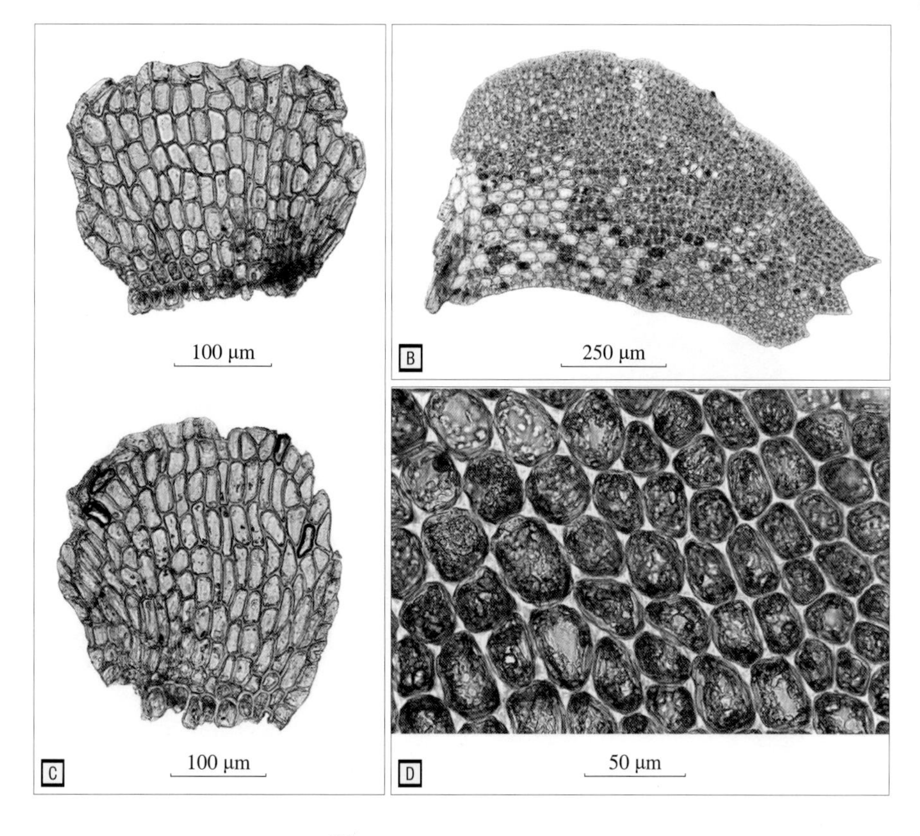

A 野外生活照
B 腹叶
C 侧叶
D 叶细胞

（2）日本鞭苔 *Bazzania japonica* (Sande Lac.) Lindb.

采集号｜ cblzd2021355

植物体中等大，连叶宽2～3 mm，绿色。茎匍匐，长可达6 cm。叶片3列，侧叶密覆瓦状排列，与茎呈直角伸出，略呈镰刀形弯曲，长1.1～1.8 mm，先端截形，3裂。叶细胞壁厚，三角体大，呈长节状钝角形，角质层平滑。腹叶方圆形，宽为茎的2倍，长宽相等，先端具不规则齿，基部无裂片，腹叶中部细胞不透明。

喜生于树基或岩面上，保护区内见于企岭下顶海拔近1 200 m处，其腹叶不透明，与本区其他几个种较易区分。见于中国、日本、越南、泰国和印度尼西亚，我国主要分布于南方地区。

A 植物体形态
B 侧叶
C 腹叶
D 叶中部细胞

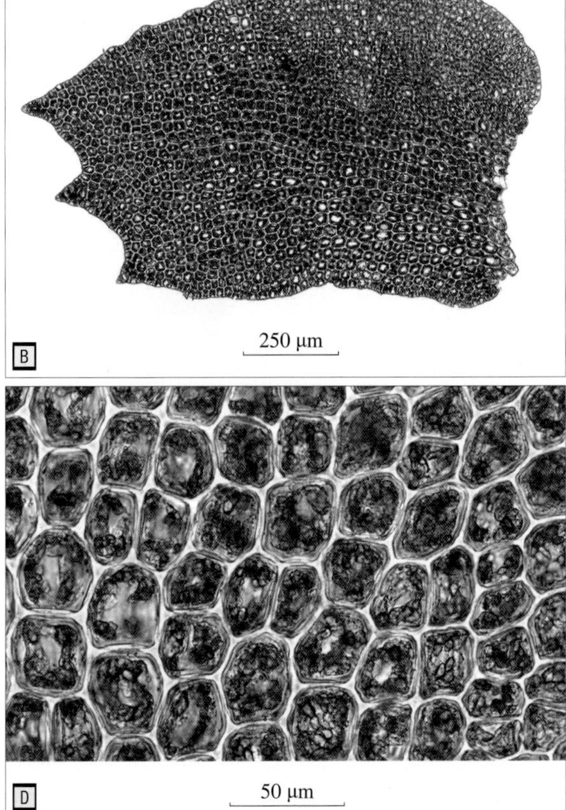

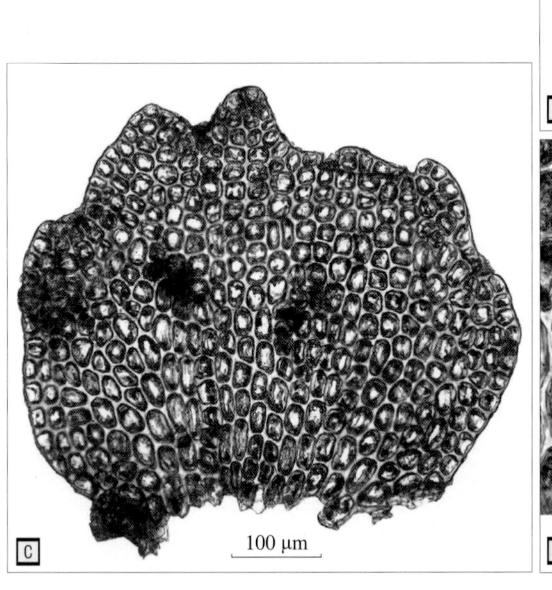

（3）白边鞭苔 *Bazzania oshimensis* (Steph.) Horik.

采集号｜ cblzd2021115，cblzd2021123

植物体相对较粗大，连叶宽3～4.7 mm，黄绿色或褐绿色。茎匍匐，长4～8 cm，先端略上仰，叉状分枝，鞭状枝多。假根少，多生于鞭状枝先端。叶片3列，侧叶覆瓦状排列，长2.1～2.3 mm，镰刀形弯曲，先端3浅裂，裂瓣三角形。叶细胞壁厚，三角体大，略呈节状，角质层平滑。腹叶透明，长宽近于相等，先端具不整齐齿。

喜生于林下土坡、腐木上，保护区内见于企岭下村。分布于东亚和南亚，我国见于贵州、云南、四川、广西、湖南、福建、海南、广东和台湾等地。

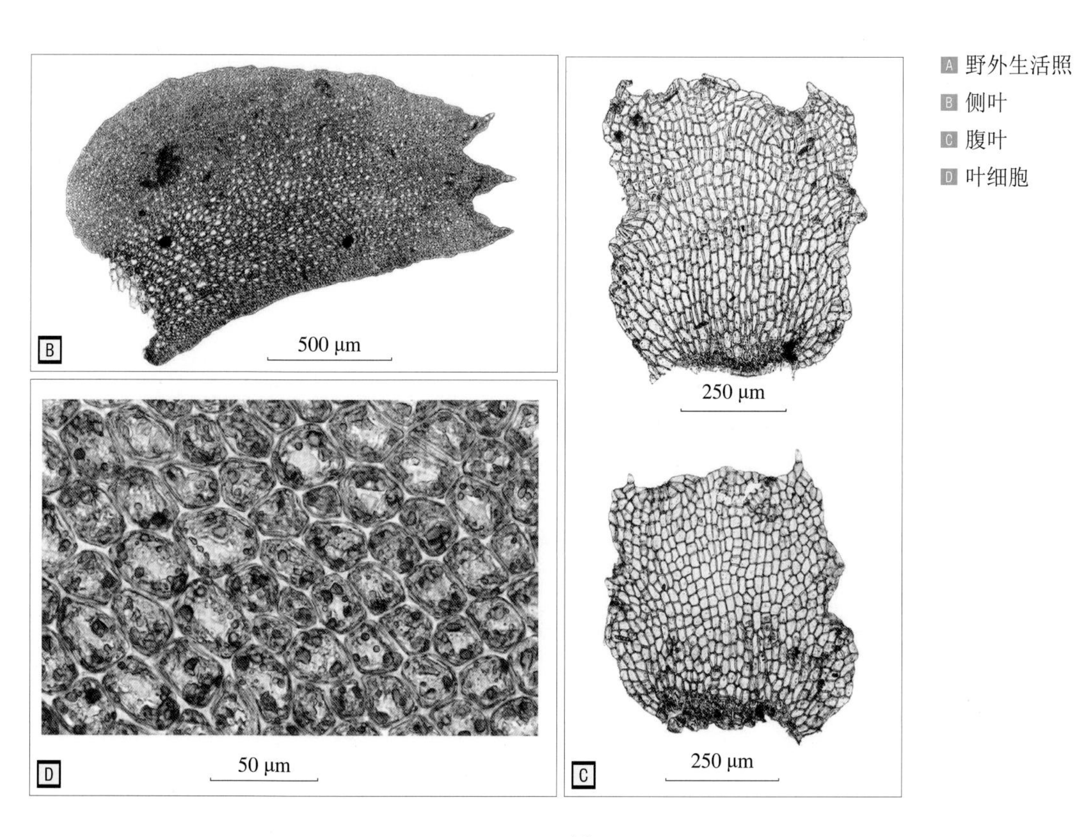

A 野外生活照
B 侧叶
C 腹叶
D 叶细胞

(4) 三裂鞭苔 *Bazzania tridens* (Reinw., Blume & Nees) Trevis.

采集号 | cblzd2021007，cblzd2021095，cblzd2021001，cblzd2021334

植物体中等大，长1.5～3.5 cm，连叶宽2～3.5 mm，黄绿色至褐绿色。茎匍匐，不规则叉状分枝，腹面具鞭状枝。侧叶覆瓦状蔽前式排列，向两侧呈近直角或略上斜方向伸出，卵形或长椭圆形，长1～1.8 mm，先端3裂。叶片细胞无假肋，壁厚，三角体小或不明显。腹叶长宽相等，近似方形，先端常具数个钝齿，除基部有几列暗色细胞外均为透明细胞。本种与白边鞭苔较为相似，但植物体较后者小，且本种侧叶常向斜上方伸出而白边鞭苔叶上部向下弯曲大于90°。

喜生于树根表面、腐木、土坡或石壁上，保护区内见于鹿子洞、饭池嶂和张都坑等地。广布于东亚和南亚，我国南北多省区可见。

A 野外生活照
B 野外生活照局部放大
C 侧叶
D 腹叶

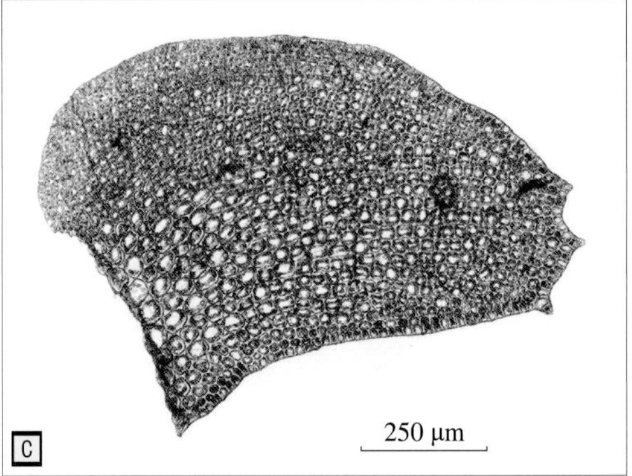

（5）牧野细指苔 *Kurzia makinoana* (Steph.) Grolle

采集号｜cblzd2021011，cblzd2021077，cblzd2021122，cblzd2021288，cblzd2021290，cblzd2021267

植物体细小，绿色或暗绿色。茎匍匐，先端上仰，横切面直径5～6个细胞，不规则1～2次分枝，分枝渐细。叶3列，侧叶指状2～5深裂达近基部，裂瓣宽1～2个细胞，长3～5个细胞。腹叶较小，2～3裂至近基部，裂瓣先端细胞为透明圆钝的黏液胞，易与本属其他种区别。

喜生于岩面、腐木或树干基部，保护区内见于鹿子洞、饭池嶂和企岭下村等地。分布于中国、日本，我国主要见于南方地区。

A 野外生活照
B 孢子体，示孢蒴4瓣裂
C 枝条一段放大
D 枝条一段放大，示腹叶
E 侧叶
F 茎横切面

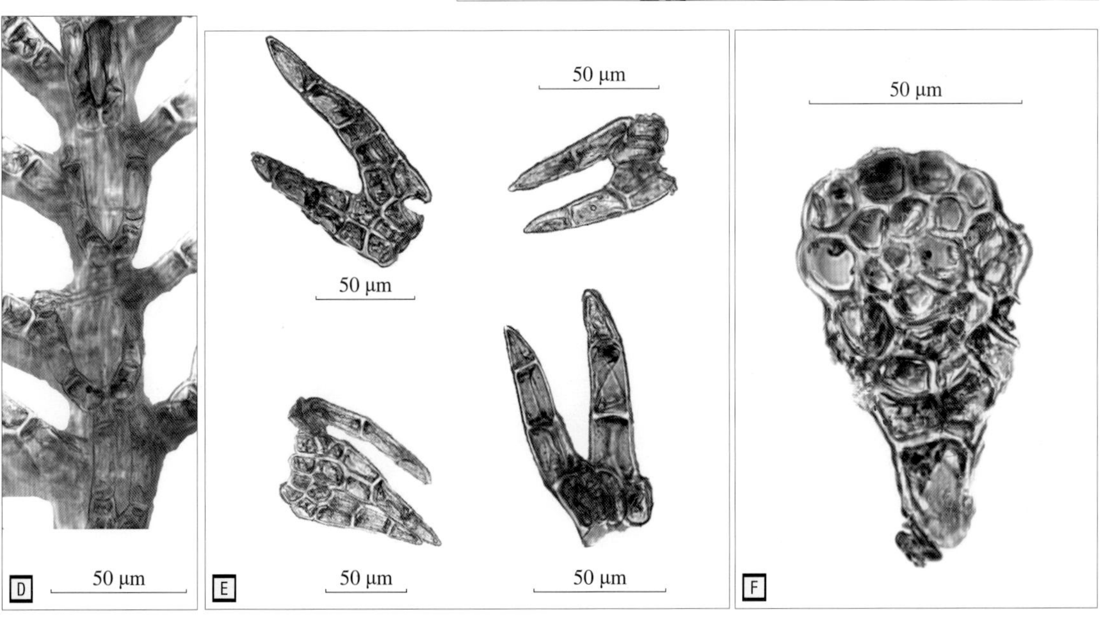

21. 羽苔科 Plagiochilaceae

（1）圆头羽苔 *Plagiochila parvifolia* Lindenb.

采集号｜ cblzd0154，cblzd2021208

植物体中等大，长6～8 cm，宽可达4～5 mm。植物体无向地性侧向分枝。叶片易脱落，以落叶行使无性繁殖，具腹叶。叶片阔卵形或三角状卵形，背边长下延。叶除背边2/3下部外，其他具刺状锐齿，齿先端细胞长为宽的3～4倍。叶腹边具毛状齿。叶基部无长形假肋细胞。腹叶大小变化较大，2深裂，叶边具细齿。

喜生于岩面、腐木或树干上，保护区内见于梁桥坑。分布于东亚、南亚、东南亚和巴布亚新几内亚，我国主要见于西藏、四川、云南、湖南、安徽、浙江、福建、香港和台湾等地。

A 野外生活照
B 配子体特写
C 叶片，示叶形
D 叶先端
E 叶边缘齿

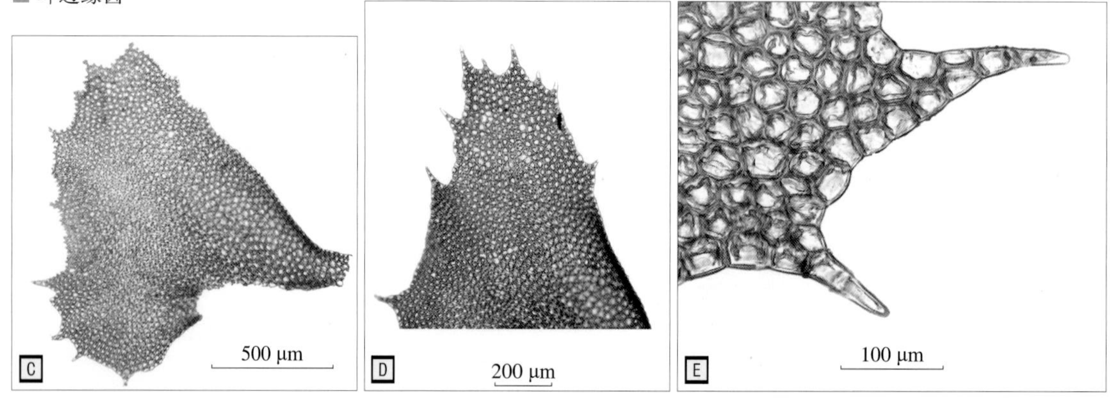

（2）刺叶羽苔 *Plagiochila sciophila* Nees ex Lindenb.

采集号｜cblzd0132，cblzd0032，cblzd0101，cblzd0102，cblzd2021066，cblzd2021071，cblzd2021151，cblzd2021157，cblzd2021168，cblzd2021344

植物体绿褐色，长约2 cm，连叶宽3.6 mm。茎匍匐，先端倾立，假根少。叶片长椭圆舌形，覆瓦状排列或疏生。叶片背部边缘近叶尖处具单列细胞长齿，叶背基部稍下延，全叶齿6～10个。叶细胞壁薄，三角体小，角质层平滑。腹叶退失或细小。雄器苞间生，具5对雄苞叶。

喜生于岩面、树干、树基或腐木上，保护区内见于单竹坑口、三角塘、车柏岭、叶坑尾、企岭下保护站、大坑口和张都坑等地。分布于东亚、南亚、东南亚及密克罗尼西亚，我国见于西藏和南方地区。

A 野外生活照
B 叶形
C 叶细胞

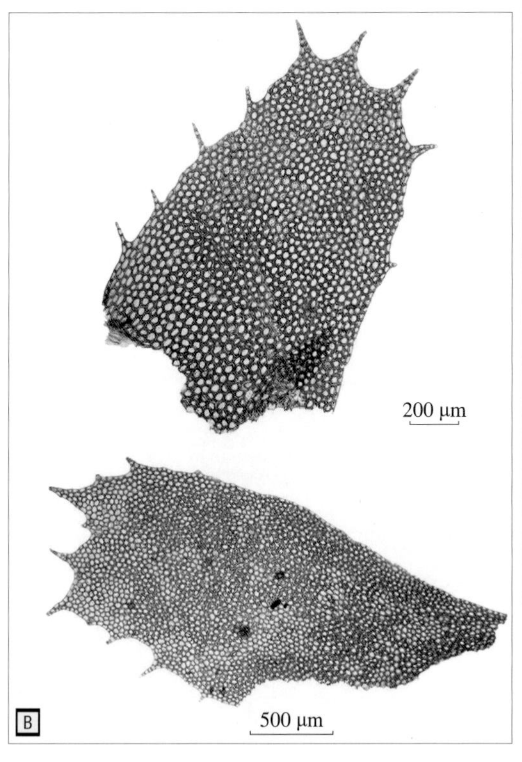

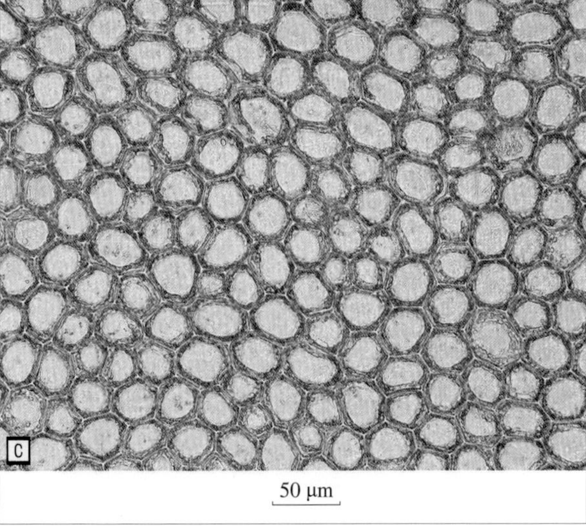

羽苔科

22. 齿萼苔科 Geocalycaceae

（1）芽胞裂萼苔 *Chiloscyphus minor* (Nees) J. J. Engel & R. M. Schust.

采集号｜ cblzd2021047，cblzd2021162

植物体小，连叶宽1～1.5 mm，黄绿色至绿色。茎匍匐，长0.5～1 cm，单一或稀疏分枝。假根着生于腹叶基部。叶片3列，侧叶离生或相接蔽后式覆瓦状，先端2裂达叶长的1/4～1/3，偶圆钝，裂瓣渐尖。叶细胞壁薄，无三角体，角质层平滑。腹叶小，仅略宽于茎，深2裂。侧叶和腹叶先端常大量生长芽胞，芽胞单细胞，球形。

喜生于林下路边泥土、岩面、树干或腐木上，保护区内见于鹿子洞和大坑口。分布于亚洲、欧洲、美洲和大洋洲，我国大部分省区均有分布。

A 野外生活照

B 侧叶

C 叶缘，示芽胞

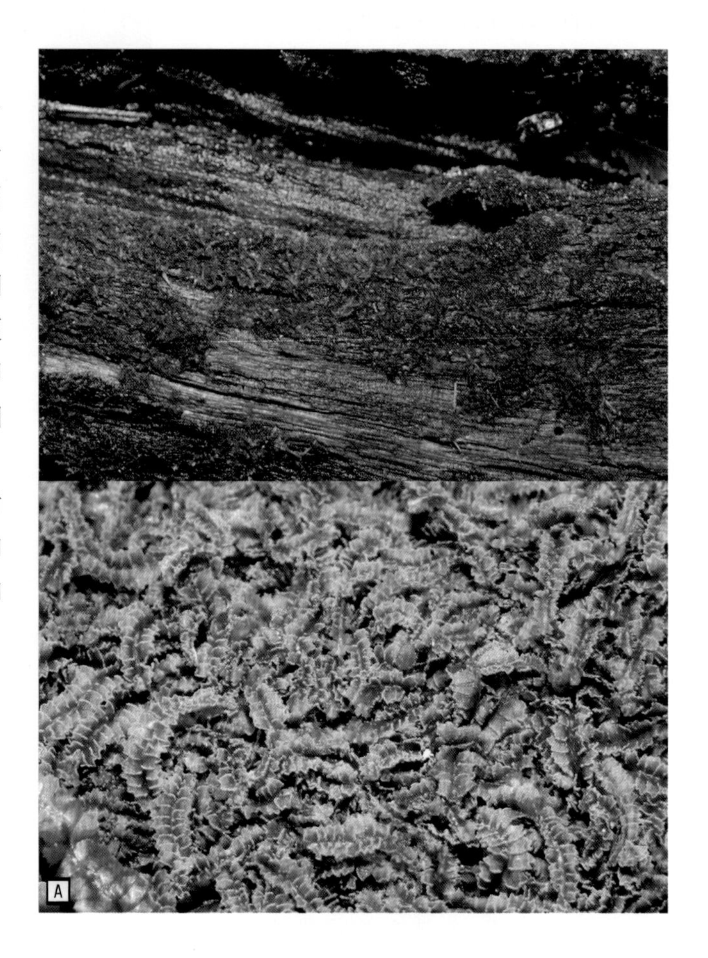

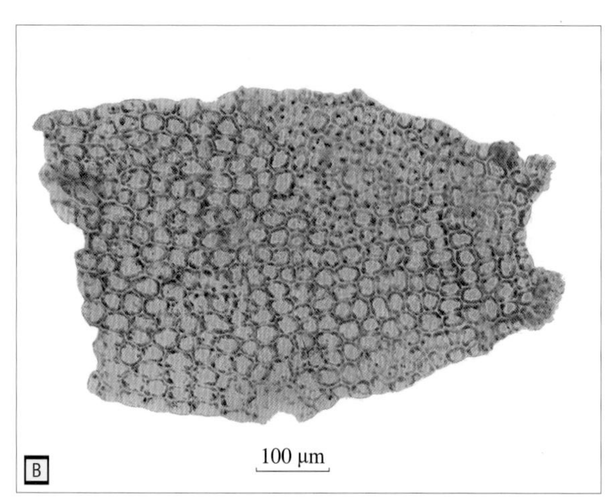

（2）疏叶裂萼苔 *Chiloscyphus itoanus* (Inoue) J. J. Engel & R. M. Schust.

采集号 | cblzd0138，cblzd2021069，cblzd2021309，cblzd2021310

植物体中等大，连叶宽约1.5 mm，淡绿色或黄绿色。茎匍匐，长1～1.2 cm，单一或稀疏分枝。叶片3列，侧叶稀疏覆瓦状排列，先端2裂达叶长的1/3，裂瓣锐三角形，叶背边略下延。叶细胞壁薄，三角体小，角质层平滑。腹叶红色，为茎宽的2倍，先端2裂达叶长的2/3，裂瓣锐三角形，两侧边各具1个锐齿，一侧与侧叶联生。叶片先端具芽胞，数量较少。本种与芽胞裂萼苔均有芽胞，但本种叶裂深达叶长的1/3，裂瓣先端尖锐，芽胞较少而区别于后者。

喜生于腐木或树干上，保护区内见于单竹坑口、叶坑尾和仙人洞等地。分布于东亚，我国见于吉林、福建、湖南、云南和四川。

A 野外生活照
B 侧叶及先端芽孢
C 侧叶上部，示芽胞
D 枝条侧面观，示假根及腹叶

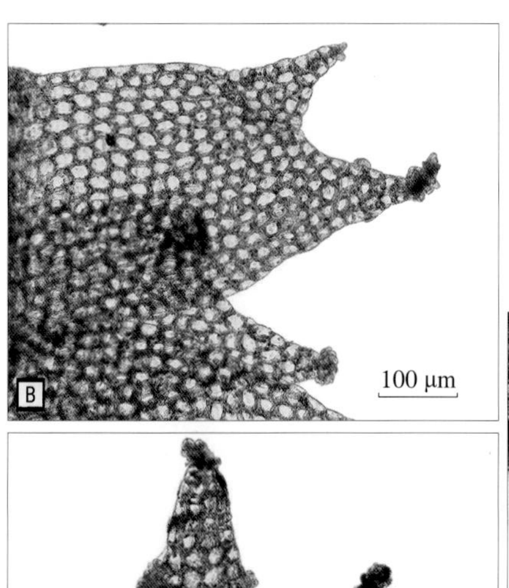

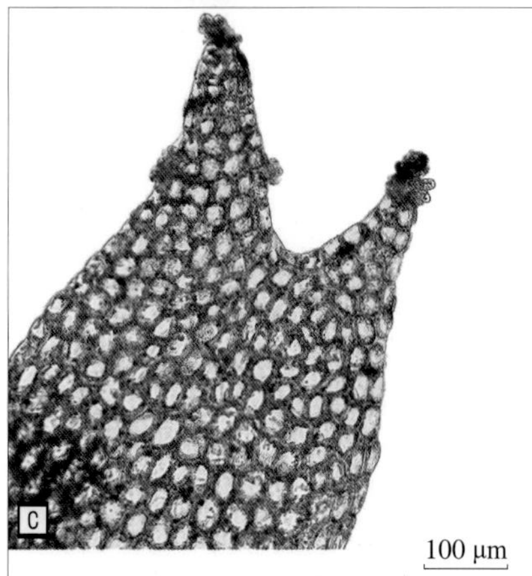

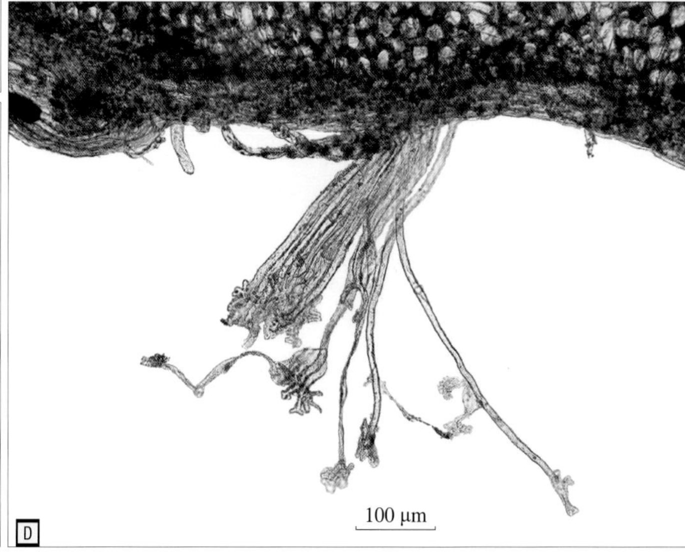

齿萼苔科

（3）双齿裂萼苔 *Chiloscyphus latifolius* (Nees) J. J. Engel & R. M. Schust.

采集号 | cblzd0054

植物体较小，连叶宽1～2 mm，淡绿色或黄绿色。茎长1～2 cm。侧叶近覆瓦状蔽后式排列，阔肾卵形，基部宽，向上部变窄，两侧叶边略呈弧形，先端2裂，裂瓣三角形，具细长锐尖。叶细胞壁薄，无三角体，角质层平滑。腹叶小，略宽于茎，先端2裂至叶长的1/2，裂瓣尖锐，两侧边各具1个齿。

喜生于树干、腐木或岩面上，标本采集于保护区内松树坑。分布于中国、马来西亚和巴布亚新几内亚，我国见于吉林、西藏、四川、重庆、贵州、云南、江西、湖南及台湾等地。

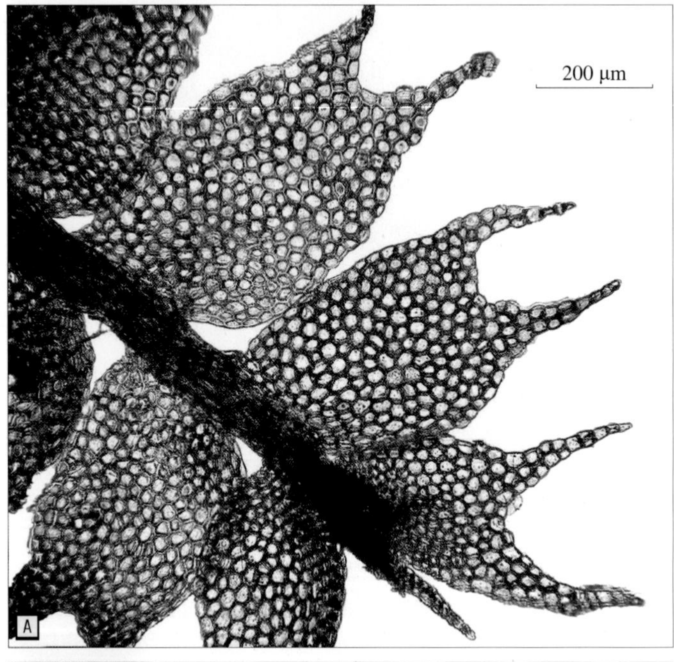

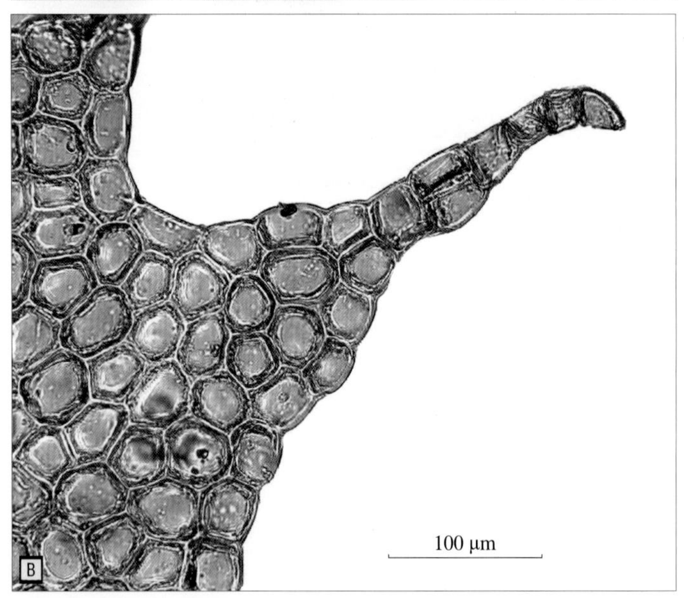

A 枝条局部放大
B 侧叶先端裂瓣

（4）四齿异萼苔 *Heteroscyphus argutus* (Reinw., Blume & Nees) Schiffn.

采集号｜ cblzd0021，cblzd0030，cblzd2021152，cblzd2021205，cblzd2021350

植物体淡绿色或黄绿色。茎匍匐，具少数分枝。侧叶覆瓦状排列，长方圆形，叶先端圆钝或平截，具4～10个长齿，齿长2～8个细胞，侧边全缘。叶细胞壁薄或壁厚，无三角体，不透明，角质层平滑无疣。腹叶小，2裂几达基部，裂瓣侧边近基部具粗齿，腹叶基部两侧或单侧与侧叶相连。雌雄异株。

喜生于林下树干、腐木或湿土上，保护区内见于三角塘、大坑口、博物馆附近和张都坑等地。分布于亚洲、非洲，澳大利亚也有分布，我国常见于南方地区和西藏。

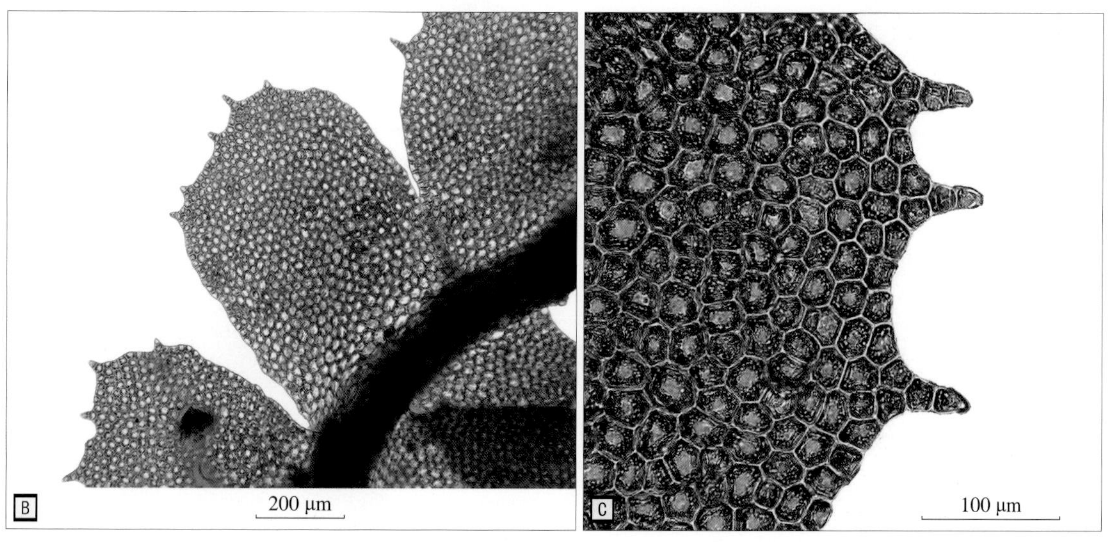

A 野外生活照
B 枝条局部放大，示侧叶
C 侧叶先端齿

（5）双齿异萼苔 *Heteroscyphus coalitus* (Hook.) Schiffn.

采集号｜cblzd0114，cblzd2021064

植物体中等大小，连叶宽2～3 mm，黄绿色或绿色，有时略带棕褐色。侧叶覆瓦状蔽后式排列，近对生，叶长方形，先端平截，两角各具1个齿，叶边全缘。叶细胞壁薄，无三角体。腹叶明显，基部两侧与侧叶相连，先端具4～6个不整齐齿。本种叶先端平截，具2个明显角齿，腹叶不整齐齿裂而区别于本区内同属的其他种。

喜生于土坡或溪边岩石上，保护区内见于企岭下村和叶坑尾等地。我国除西北地区外广泛分布。

A 野外生活照

B 侧叶

C 枝条腹面观，示腹叶

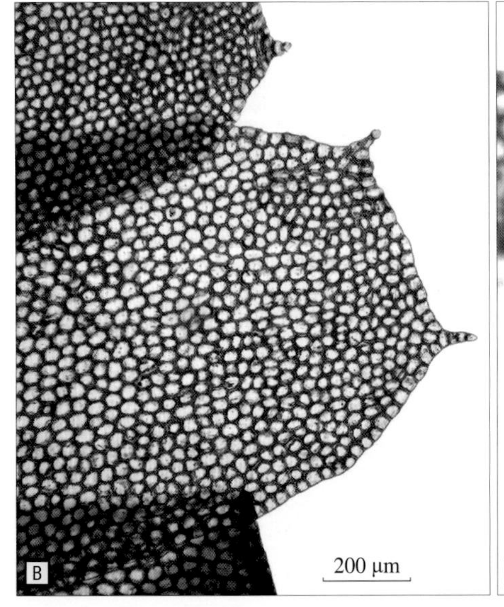

（6）平叶异萼苔 *Heteroscyphus planus* (Mitt.) Schiffn.

采集号｜ cblzd2021042，cblzd2021042

植物体连叶宽2～3.5 mm，绿色或黄绿色，常与其他苔藓植物混生。茎匍匐，具稀疏不规则分枝。侧叶覆瓦状蔽后式排列，长方形，先端具2～5个不整齐粗齿。叶细胞壁略厚，三角体不明显。腹叶小，几与茎同宽，2裂达叶长的1/3～1/2，裂瓣边缘外侧各具1个齿，基部一侧与侧叶联生。本种以侧叶尖端齿呈裂片状，且腹叶小，与茎近同宽而区别于本区内同属的其他种。

喜生于土坡上，保护区内见于鹿子洞。分布于东亚，我国除西北地区外广泛分布。

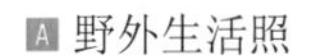

A 野外生活照

B 枝条局部放大，示侧叶

C 侧叶先端齿

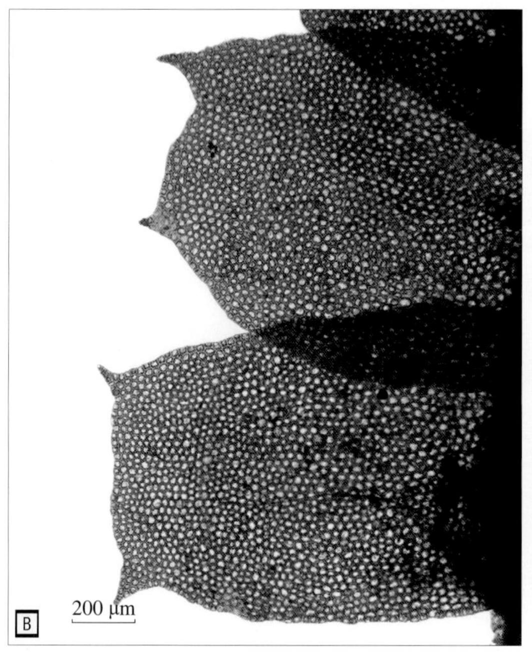

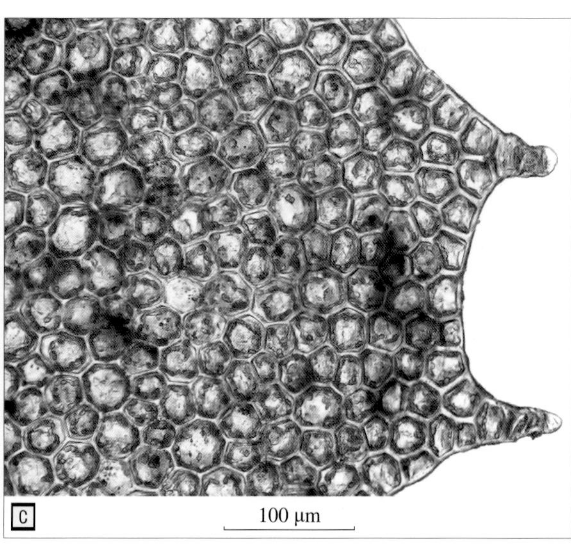

（7）南亚异萼苔 *Heteroscyphus zollingeri* (Gottsche) Schiffn.

采集号｜ cblzd0126，cblzd2021074，cblzd2021149，cblzd2021161，cblzd2021163

植物体较大，连叶宽3～4 mm，淡绿色或绿色。茎匍匐，分枝少或不分枝。侧叶密覆瓦状蔽后式排列，方圆形或卵圆形，先端圆钝，先端具1～4个短齿，齿长1～3个细胞。叶细胞壁薄，无明显三角体，角质层平滑。腹叶深2裂，裂瓣两侧近基部各具1个齿，腹叶两侧基部与侧叶联生。雌雄异株。本种与双齿异萼苔较相似，但后者侧叶先端平截，腹叶先端具不整齐齿，而本种侧叶先端圆钝，腹叶深2裂。

喜生于岩石或腐木上，保护区内见于细坝横坑口、叶坑尾和大坑口等地。分布于亚洲、非洲，澳大利亚也有分布，我国常见于南方地区和西藏。

A 野外生活照
B 侧叶
C 枝条腹面观，示腹叶

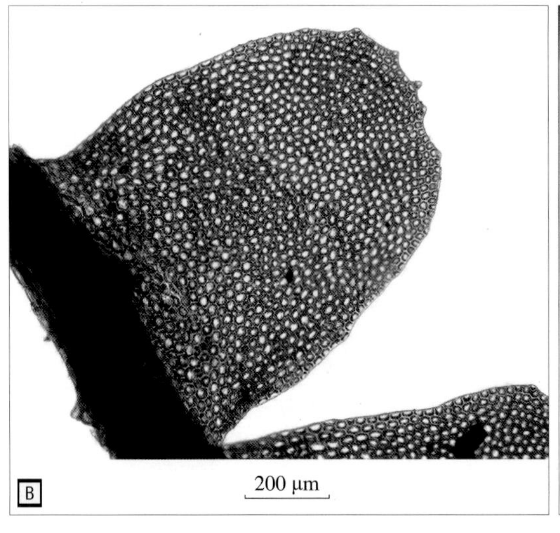

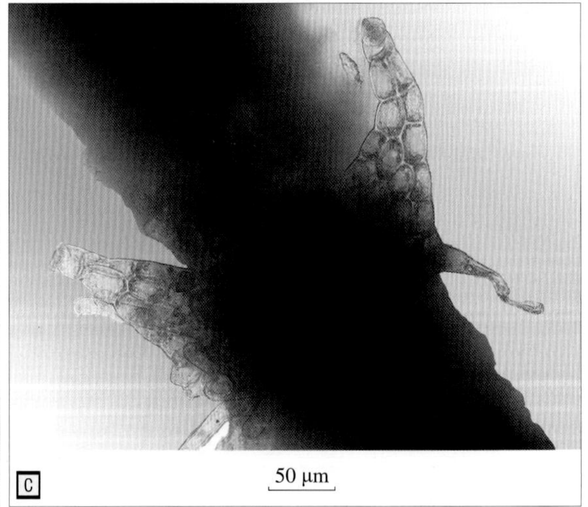

23. 光萼苔科 Porellaceae

毛边光萼苔 *Porella perrottetiana* (Mont.) Trevis.

采集号｜CBLXH0363

植物体粗壮，丛集平铺生长，黄绿色至褐绿色，微具光泽。茎长可达5 cm以上，连叶宽约7 mm，不规则羽状分枝。侧叶覆瓦状排列，密生。背瓣略斜展，长卵形，先端渐尖，前、后缘中部以上及叶尖具长毛状齿，全叶共3～9齿，齿长7～16个细胞，基部宽2～4个细胞，先端具5～9个单列细胞。叶中部细胞壁薄，三角体小。腹瓣长舌形，边缘具多数毛状齿。腹叶舌状，略宽于茎，边缘亦多有毛状齿。雌雄异株。保护区内收集于5月的样本中可见雄苞。

生于林下及林缘树干、石壁或岩面薄土上，保护区内见于松树坑。东亚、南亚及东南亚多国有分布，我国东部季风区及青藏地区部分省区可见。

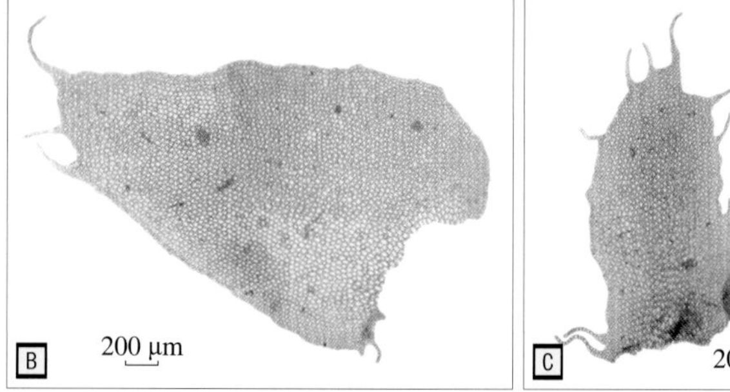

A 野外生活照
B 侧叶背瓣
C 侧叶腹瓣
D 腹叶

24. 扁萼苔科 Radulaceae

(1) 尖舌扁萼苔 *Radula acuminata* Steph.

采集号 | cblzd0131，cblzd0055，cblzd0141，cblzd2021218，cblzd2021221

植物体绿色至黄褐色。茎长0.3～1.5 cm，连叶宽1.5～1.6 mm，具不规则羽状分枝。叶背瓣覆瓦状排列，横向伸出，常内凹，狭长卵形，长0.7～0.8 mm，宽0.6～0.7 mm，先端狭圆钝，近平展，背面基部稍覆盖茎。芽胞盘形，生于背瓣腹面。叶细胞壁薄，无三角体，角质层平滑。腹瓣长约为背瓣的1/2，斜方形，尖端延长或小尖状，不覆盖茎。雌雄异株。蒴萼扁长喇叭形，长约2 mm，中部宽0.5～0.7 mm，口部稍宽。

喜生于树叶或树枝上，保护区内见于单竹坑和松树坑。分布于东亚、南亚、东南亚和巴布亚新几内亚，我国主要见于南方地区。

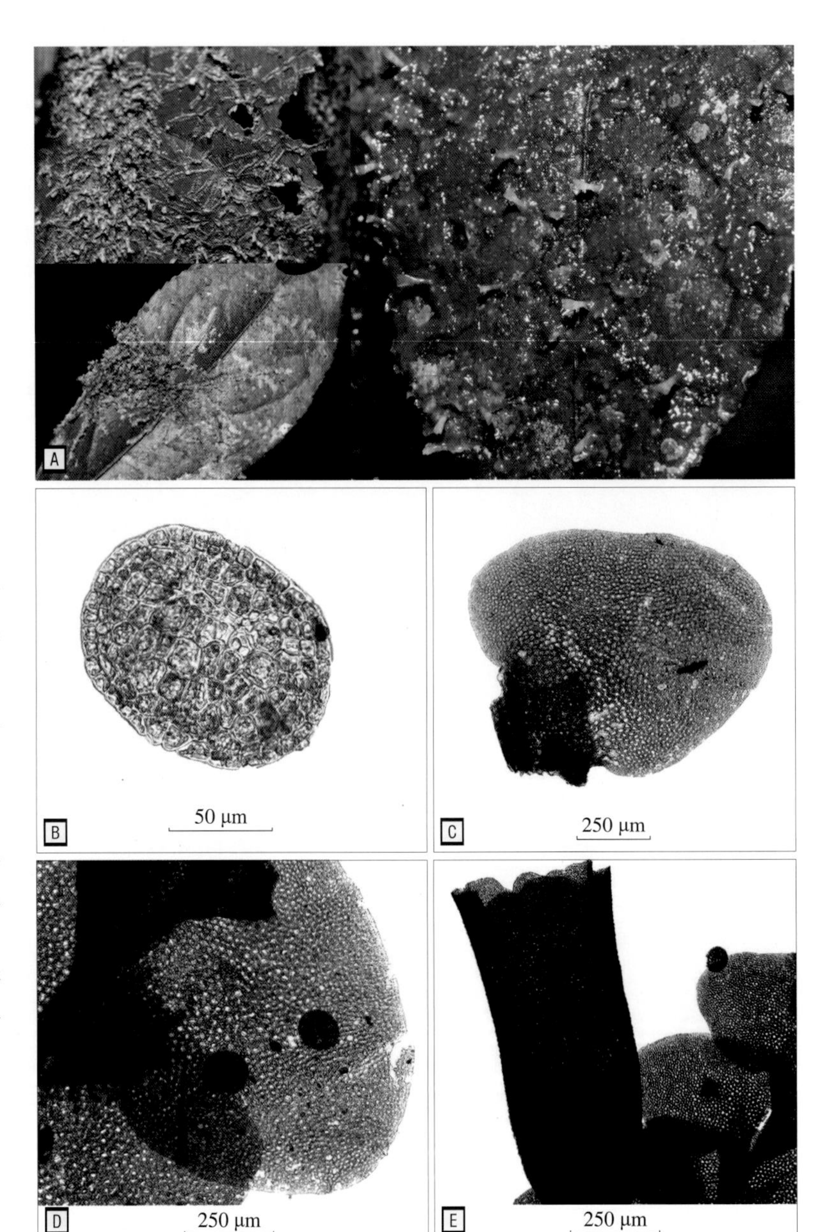

A 野外生活照
B 芽孢
C 侧叶腹面
D 叶，示芽胞着生位置
E 蒴萼

（2）断叶扁萼苔 *Radula caduca* K. Yamada

采集号｜ cblzd2021110

植物体相对较大，垫状生长。茎长0.8～2 cm，连叶宽1.3～1.7 mm，具不规则羽状分枝。叶背瓣覆瓦状排列，横向伸出，狭卵圆形，先端圆钝，背面基部完全覆盖茎，易断离。叶细胞壁薄，三角体较大，角质层具密疣。腹瓣常近方形，先端钝或有小尖，覆盖茎宽的3/4。

喜生于树干上，保护区内见于饭池嶂一带。分布于中国和泰国，我国见于广西、四川、贵州、云南、福建和海南等地。

A 野外生活照
B 枝条局部放大
C 侧叶
D 叶细胞

A

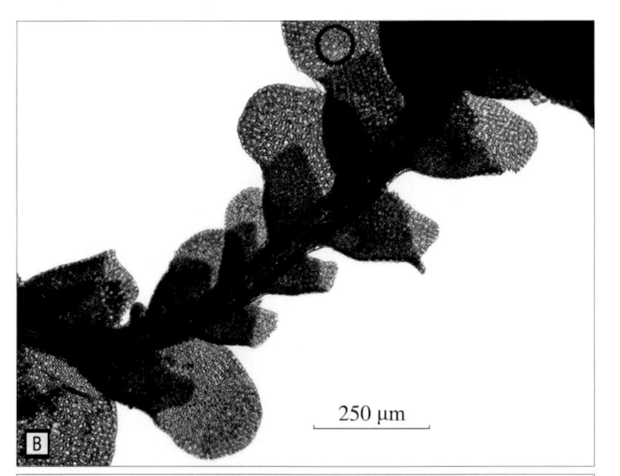

B

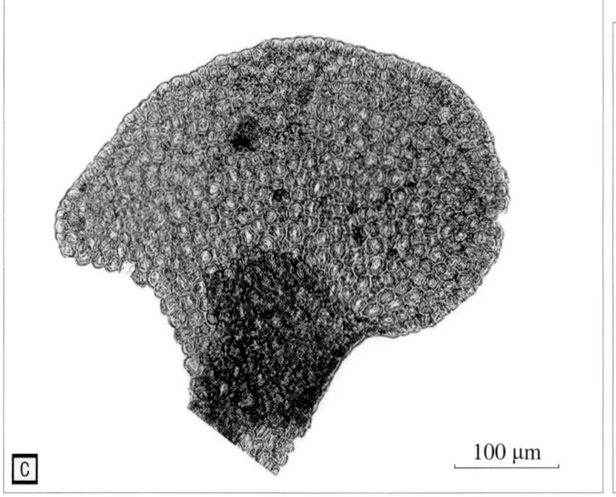

C

D

（3）扁萼苔 *Radula complanata* (L.) Dumort.

采集号｜ cblzd2021159，cblzd2021320

植物体黄绿色，具油质光泽。茎长0.4～1 cm，连叶宽1.8～2 mm，不规则羽状分枝。叶片覆瓦状排列，平展或略内凹，卵圆形，先端圆钝，背边基部弧形，完全覆盖茎，叶缘具芽胞，小盘形。叶细胞壁薄，三角体小，角质层平滑。腹瓣长约为背瓣的1/2，方形或近似方形，基部覆盖茎宽的1/3～1/2。

喜生于树干、树枝或阴湿石壁上，保护区内见于大坑口和仙人洞。东亚和东南亚有分布，我国大部分省区可见。

A 野外生活照
B 叶
C 叶细胞

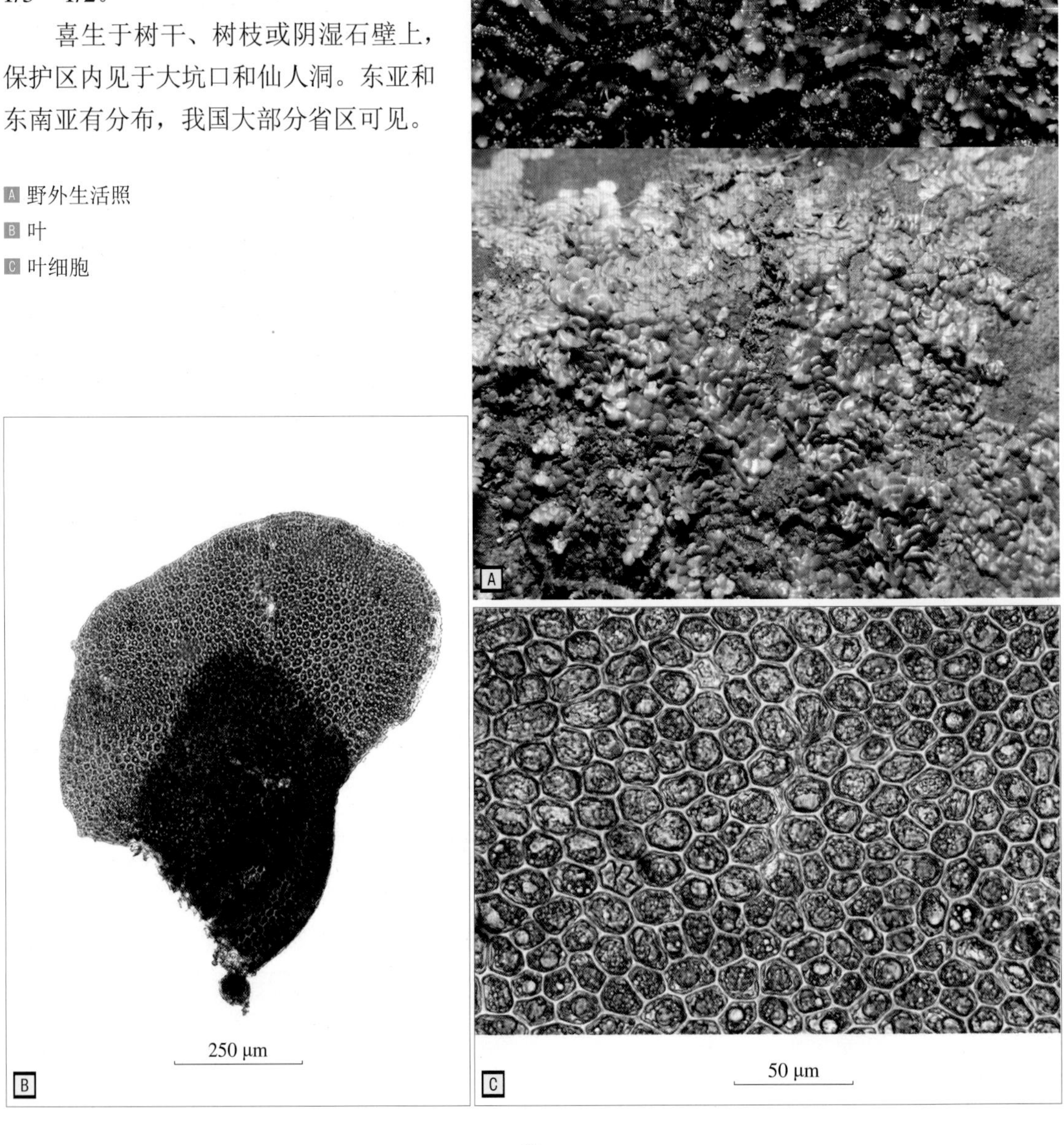

（4）尖叶扁萼苔 *Radula kojana* Steph.

采集号 | cblzd0068

植物体中等大，绿色或带有黄褐色。茎匍匐，长1～2.5 cm，连叶宽1～1.3 mm，不规则羽状分枝。叶背瓣覆瓦状排列，斜上方伸出，长0.6～0.7 mm，宽0.4～0.5 mm，先端短锐尖，背面基部覆盖茎宽的3/4，边缘常具多数盘状芽胞。叶细胞壁薄，无三角体，角质层平滑。腹瓣近方形，膨胀，长为背瓣的1/3～1/2，先端钝，基部覆盖茎宽的1/5。

喜生于树基、腐木或岩面薄土上，保护区内见于松树坑。分布于中国、日本、韩国和菲律宾，我国见于南方地区及新疆。

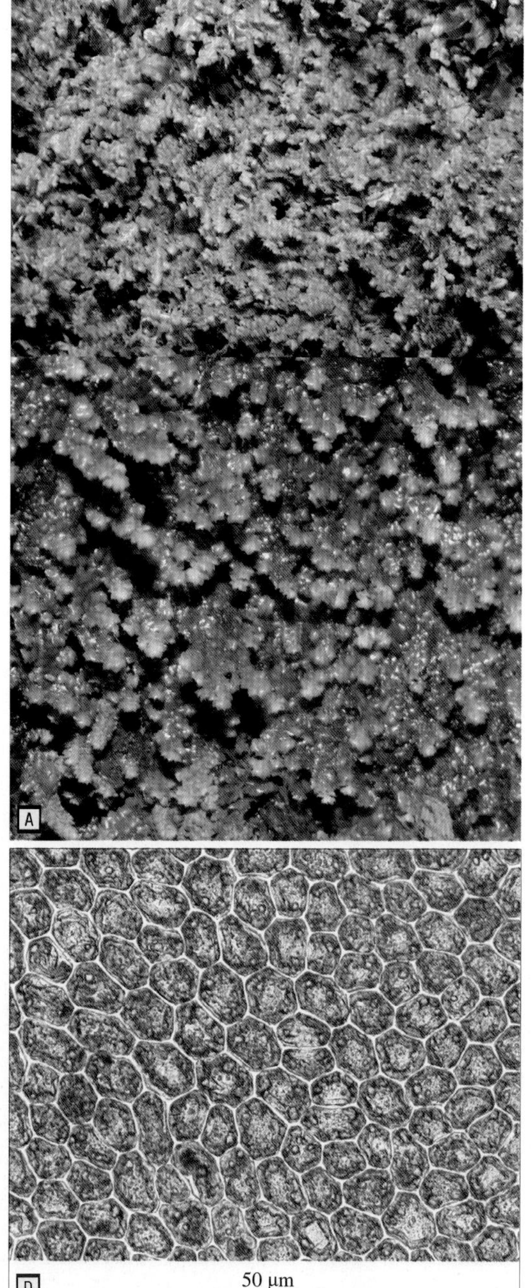

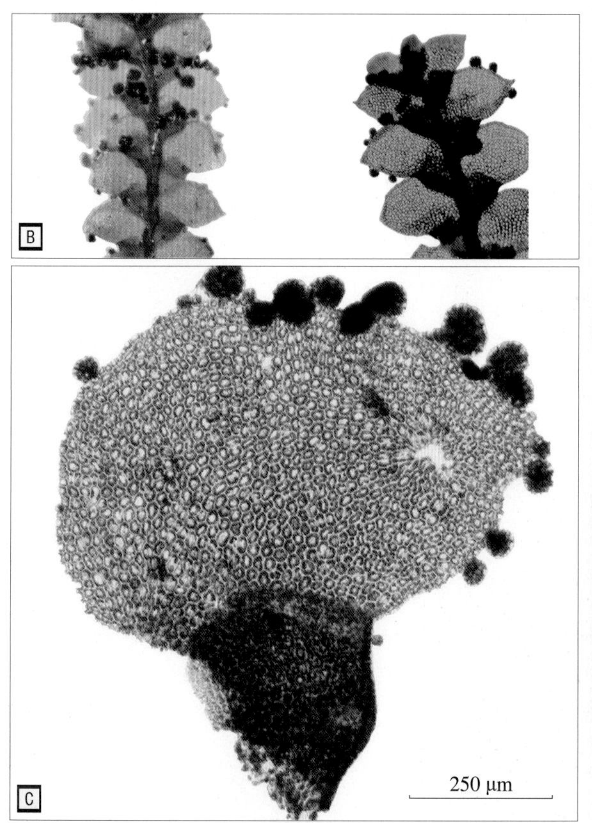

A 野外生活照

B 枝条放大，示芽胞生长状态

C 叶，边缘具芽胞

D 叶细胞

（5）厚角扁萼苔 *Radula okamurana* Steph.

采集号 | cblzd2021124，cblzd2021129

植物体色较深，褐绿色。茎匍匐，连叶宽1.9～2.1 mm，不规则羽状分枝。叶背瓣密覆瓦状排列，斜向伸出，阔卵形，先端圆钝，背面基部完全覆盖茎。叶细胞壁薄，三角体大，具中部加厚，角质层具细疣。不具芽胞，不易断裂。腹瓣膨胀，近长方形，基部覆盖茎宽的1/3。

喜生于树干上，保护区内见于企岭下村。分布于中国和日本，我国见于广西、福建和台湾等地。

A 叶
B 野外生活照

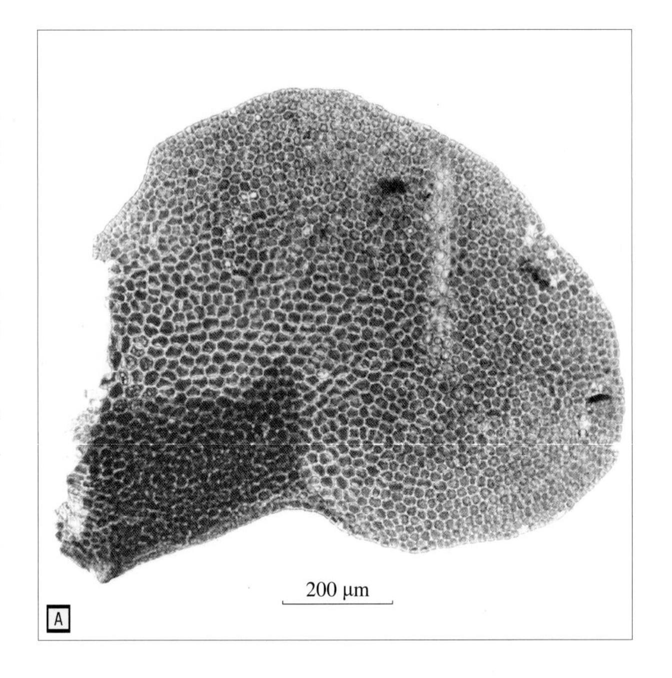

（6）热带扁萼苔 *Radula madagascariensis* Gottsche

采集号｜ cblzd2021339，cblzd2021340

植物体中等大小，黄绿色或褐色，贴生于基质上。茎匍匐，长0.8～2 cm，连叶宽1.3～1.7 mm，叉状分枝或羽状分枝。叶覆瓦状排列，背瓣卵形、阔卵形或近圆形，边缘具多数由叶边细胞转变的星形芽胞，极易断离。叶细胞壁薄，具三角体，细胞壁常向背腹突出呈泡状。腹瓣小，近方形，覆盖茎宽的1/3～1/2。本种的星形芽胞常在植物体上直接发育形成小柔荑花序状幼体，易与其他种相区分。

喜生于树干或岩面薄土上，标本采集于保护区内张都坑。分布于亚洲的热带地区和马达加斯加，我国见于广西和福建。

A 野外生活照
B 枝条放大，示营养枝
C 枝条放大，示生殖枝
D 枝条放大，示芽胞在植物体上直接发育成幼体

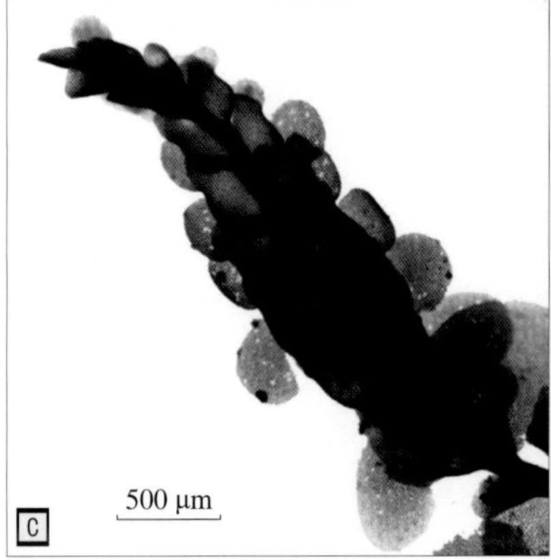

25. 耳叶苔科 Frullaniaceae

（1）短萼耳叶苔 *Frullania motoyana* Steph.

采集号｜ cblzd2021104，cblzd2021227，cblzd2021197，CBLXH0394，CBLXH0393

植物体细小，紧贴基质着生，常密集成片，紫褐色至黑褐色。1～2回不规则羽状分枝，连叶宽不及1 mm。侧叶覆瓦状排列，密生。背瓣卵圆形至近圆形，基部不下延，先端圆。叶中部细胞近圆形至椭圆形，细胞壁波曲，三角体明显，具球状加厚。腹瓣圆筒形，副体丝状，长5～6个细胞，基部2列细胞。腹叶近椭圆形，先端2裂，边全缘。保护区内收集于7月的标本中可见蒴萼。

常生于山区石面，保护区内见于企岭下村往长坑顶（尖峰崀）途中林地石面。东亚有分布，我国南方地区多省区可见。

A 野外生活照
B 配子体局部
C 侧叶
D 腹叶
E 叶中部细胞

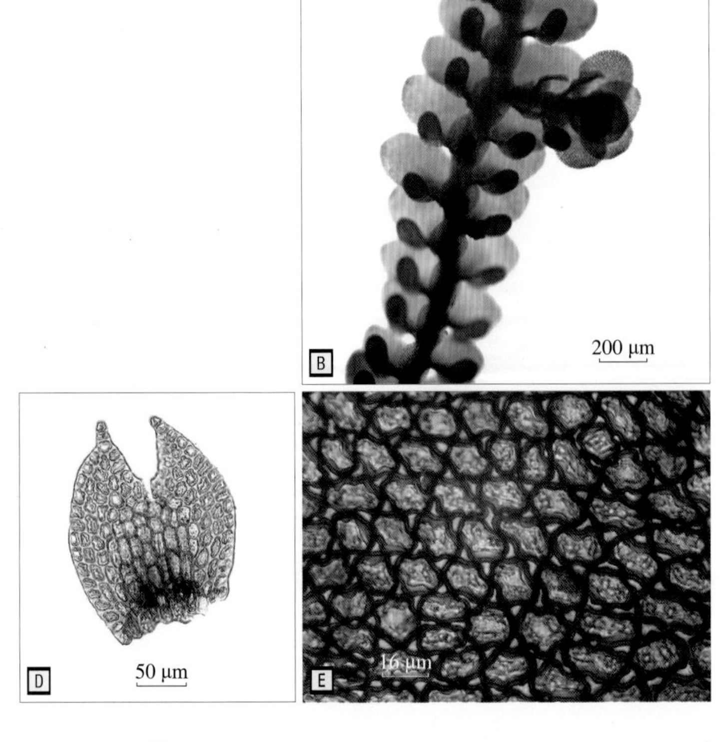

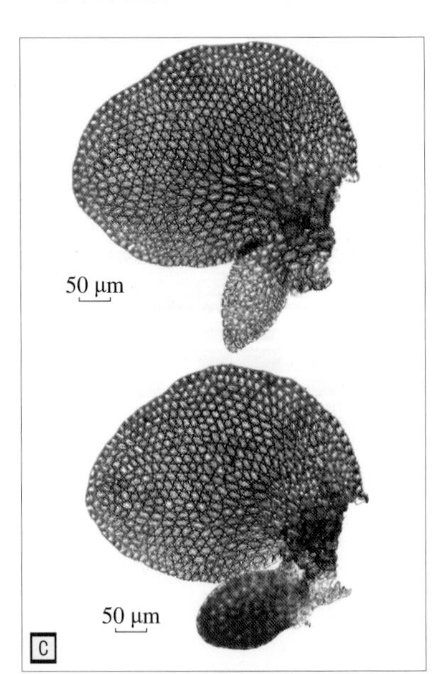

(2) 盔瓣耳叶苔 *Frullania muscicola* Steph.

采集号｜ cblzd0159，CBLXH0049，CBLXH0252，CBLXH0332，CBLXH0352，CBLXH0374，CBLXH0435，CBLXH0492

植物体小型，紧贴基质交织密集着生为垫状，嫩绿色、褐绿色、紫色至褐色。不规则羽状分枝，连叶宽约1 mm。侧叶覆瓦状排列，密生。背瓣长椭圆形至卵形，基部耳状下延，先端圆。叶中部细胞近圆形，细胞壁波曲，三角体明显，油体纺锤形至近圆形。腹瓣多变，兜形或裂片形，副体丝状，长4～5个细胞。腹叶常倒楔形，先端2裂，每个裂片各具1～2个齿。保护区内收集的样本中暂未见繁殖结构。本种为属内常见种类，颜色、外形、腹瓣形态较为多变。

生于树干、石面或腐木上，保护区内见于三角塘自然学校附近、三角塘自然教育径、松树坑和企岭下检查站往司前镇方向的沿途。分布于亚洲，我国多省区可见。

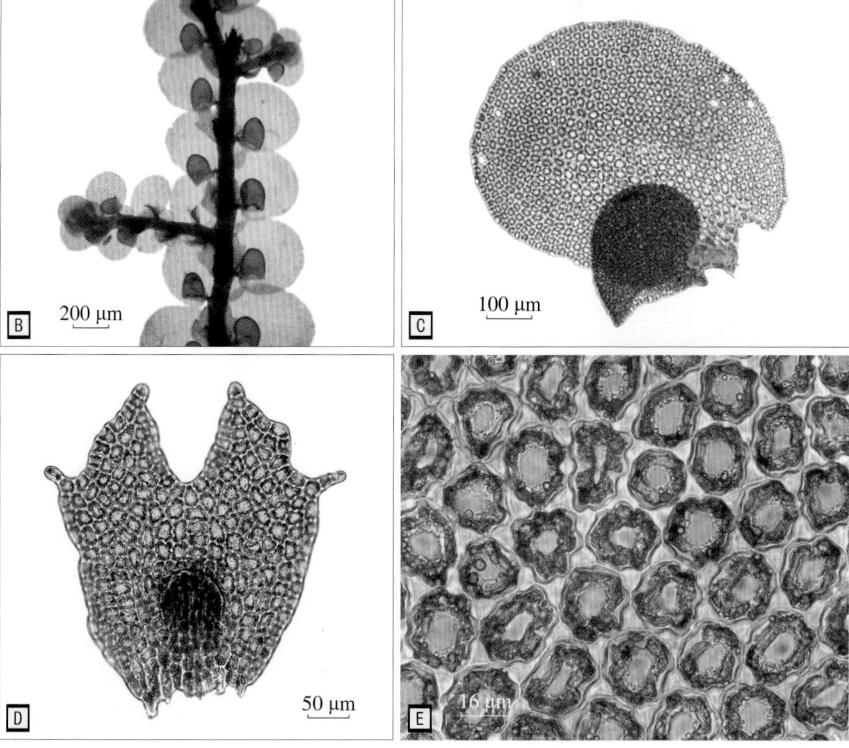

A 野外生活照
B 配子体局部
C 侧叶
D 腹叶
E 叶中部细胞

（3）皱叶耳叶苔 *Frullania ericoides* (Nees) Nees & Mont.

采集号｜ CBLXH0287

植物体小型，紧贴基质密集着生，褐绿色至红褐色。不规则稀疏羽状分枝，连叶宽约1 mm。侧叶覆瓦状排列，湿润时背仰。背瓣椭圆形，基部背、腹缘耳状下延，先端圆。叶中部细胞近圆形，壁厚，三角体明显。腹瓣兜形，亦有裂片状披针形者，副体丝状，长4～5个细胞，顶端细胞透明。腹叶近圆形，先端2裂，中上部边缘常向基质卷曲，叶缘常全缘，偶有齿。保护区内收集于5月的样本中可见繁殖结构。

常生于林区树干上，保护区内见于自然学校附近生长年限较长的树干上。东亚、南亚、东南亚、大洋洲、非洲和美洲有分布，我国东部季风区及青藏地区多省区可见。

A 野外生活照
B 配子体特写
C 侧叶腹面观
D 侧叶背面观
E 腹瓣特写
F 腹叶
G 叶中部细胞

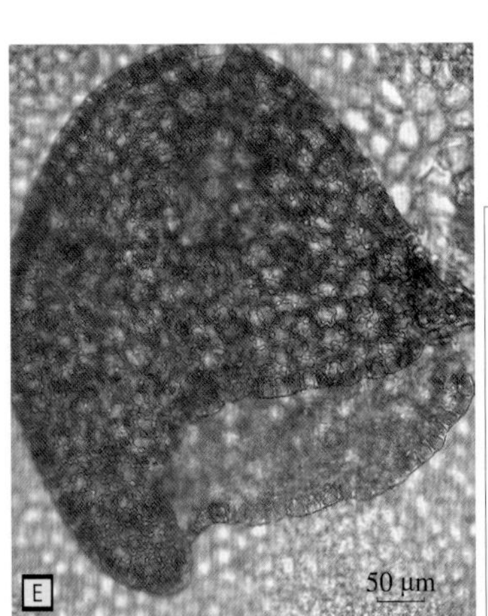

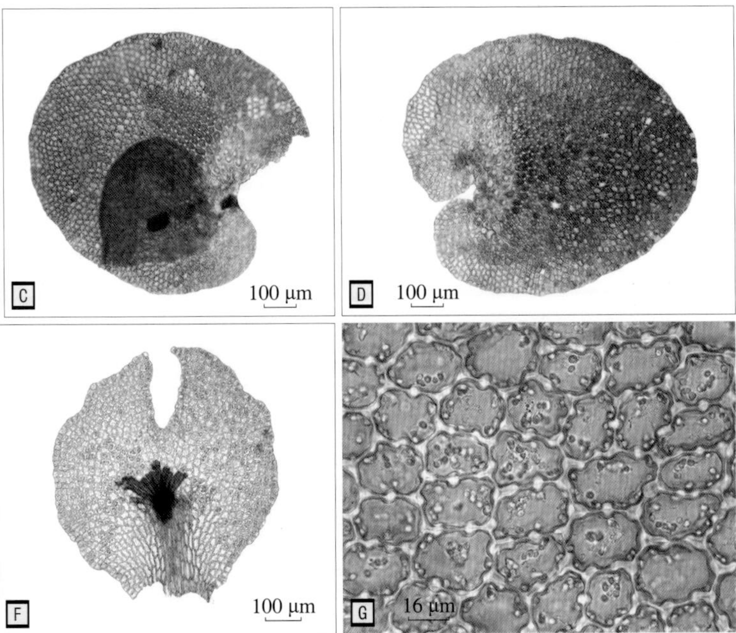

（4）尖叶耳叶苔 *Frullania apiculata* (Reinw., Blume & Nees) Nees

采集号｜CBLXH0298

植物体小型，细长，紧贴基质密集生长，褐色至深褐色。不规则1～2回羽状分枝，连叶宽可达1.5 mm左右。侧叶覆瓦状排列。背瓣近卵形，多少内凹，基部背侧略下延，腹侧不下延，先端急尖，常向基质卷曲。叶中部细胞近圆形至长卵形，壁厚，具三角体和节状加厚。腹瓣与茎近平行着生，多为细圆筒形，顶端圆钝，副体丝状，长3～4个细胞。腹叶较疏生，近卵形，先端2裂，裂角狭，边缘近平滑。保护区内收集于5月的样本中可见繁殖结构。

常附生于林区树干、树枝及腐木上，保护区内见于三角塘自然教育径。分布于亚洲的亚热带和热带地区、大洋洲和东非，我国南方地区数省区可见。

A 野外生活照
B 配子体局部
C 侧叶
D 腹叶
E 叶中部细胞

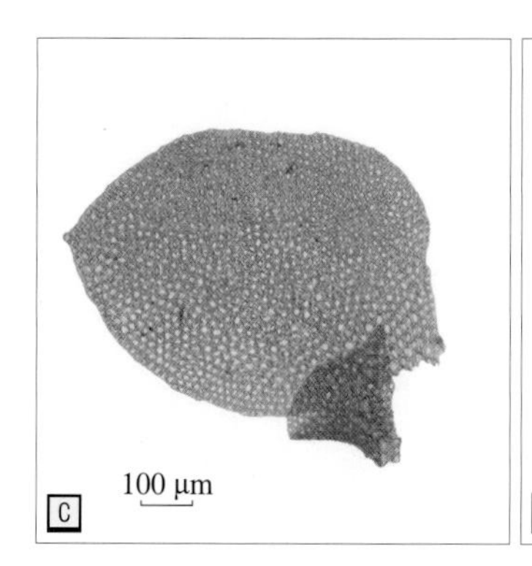

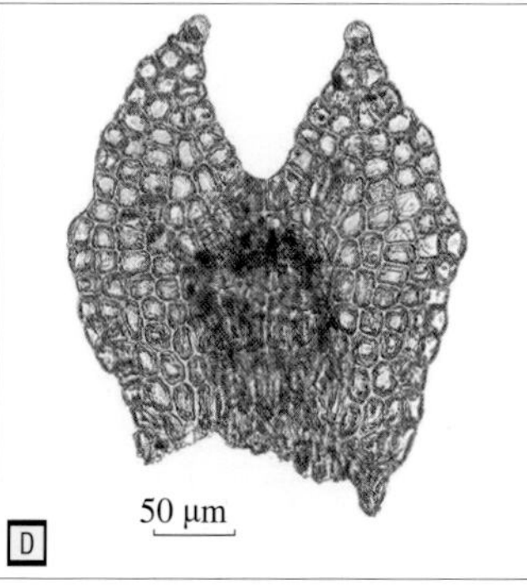

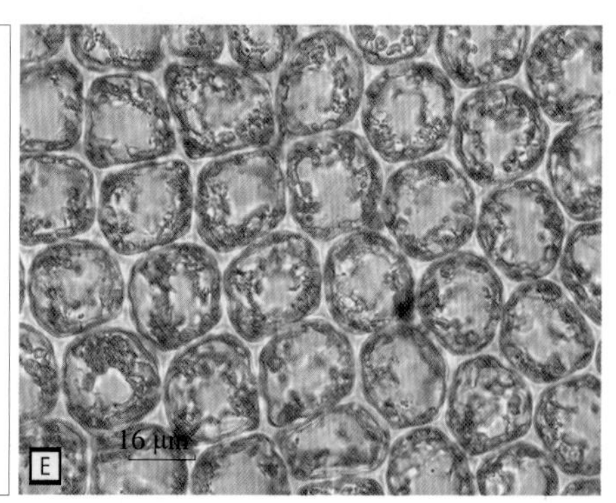

（5）湖南耳叶苔 *Frullania kagoshimensis* subsp. *hunanensis* (S. Hatt.) S. Hatt. & P. J. Lin

采集号｜ CBLXH0251

植物体大型，紧贴基质着生，深绿色至红褐色。不规则羽状分枝，连叶宽可达1 mm左右。侧叶密集覆瓦状排列。背瓣近卵形，基部背侧略下延，腹侧不下延，先端圆，常向基质卷曲。叶中部细胞近卵形，壁厚，三角体和节状加厚明显。腹瓣兜形，向下弯曲，具喙状尖，副体片状，基部2～3列细胞，上部1列细胞。腹叶扁圆形，宽大于长，先端2浅裂，至腹瓣的1/7～1/6，边缘近平滑。保护区内收集的样本中暂未见蒴萼。

常生于山地林区树干和树枝上，保护区内见于往黄竹山方向途中的果园。东亚有分布，我国广东、广西、湖南和云南等省区可见。

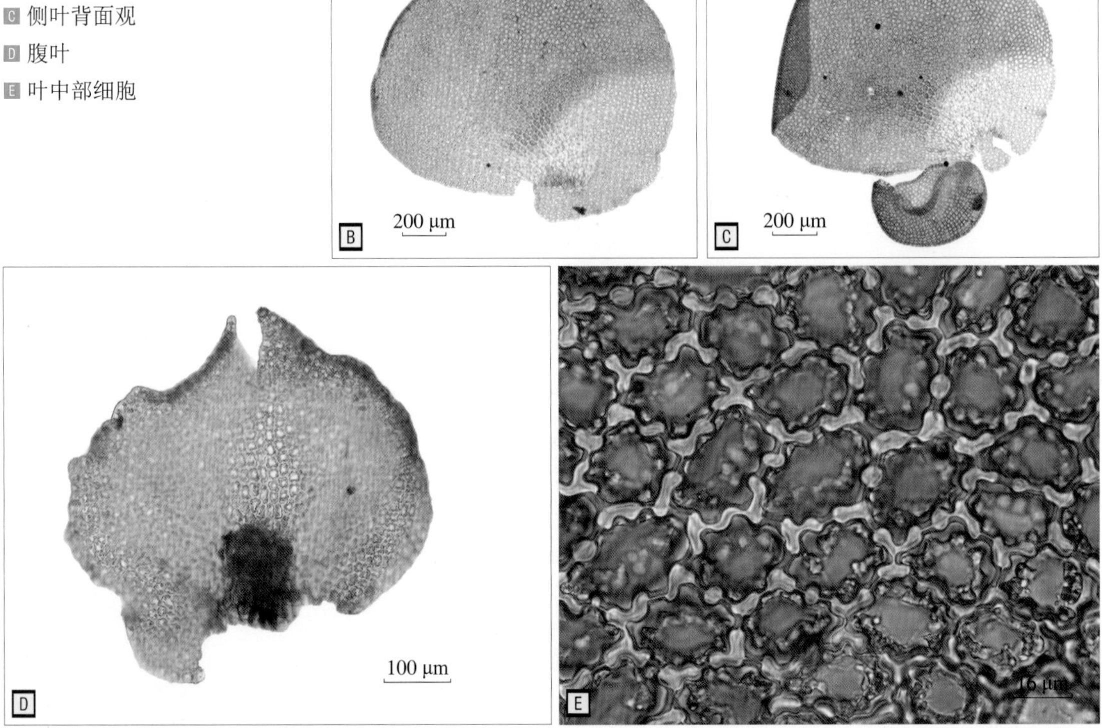

A 野外生活照
B 侧叶腹面观
C 侧叶背面观
D 腹叶
E 叶中部细胞

26. 细鳞苔科 Lejeuneaceae

（1）南亚瓦鳞苔 *Acrolejeunea sandvicensis* (Gottsche) Steph.

采集号｜ cblzd0128，cblzd2021051，cblzd2021255，cblzd2021278，CBLXH0003，CBLXH0049，CBLXH0249，CBLXH0500

植物体相对大型，常成片贴生于基质，浓绿色。不规则分枝，连叶宽可达近2.5 mm，无假根盘。叶蔽前式，密集覆瓦状排列，湿时呈鲜明的鱼鳃状，卵形，平展，顶端圆形，叶边全缘。叶中部细胞六边形，细胞壁薄至微加厚，三角体心形，中部具球状加厚，每个细胞具十数至数十个油体，油体椭圆形或短针形。腹瓣卵形至椭圆形，长达背瓣的2/5左右，顶端具3～4个齿。腹叶圆形至椭圆形，覆瓦状排列，宽可达茎的3～5倍。雌器苞生于茎端或枝端，蒴萼倒卵形，具10脊，平滑或有时具不规则裂片。保护区内收集于11月的样本中可见成熟孢子体。植物体湿润状态下呈肉眼可见的鱼鳃状为本种最直观的识别特征。

常生于山区林地的岩面或树干上，也见于受人类活动影响的区域，保护区内见于自然学校附近、管理局往三角塘方向的沿途，以及企岭下检查站往司前镇方向约1 km处（28号界碑）的果园中。分布于东亚、南亚、东南亚及夏威夷，我国南北多省区广布。

A 野外生活照，示湿润状态下的配子体

B 野外生活照，示干燥状态下的配子体及孢子体

C 侧叶

D 腹叶

E 叶中部细胞

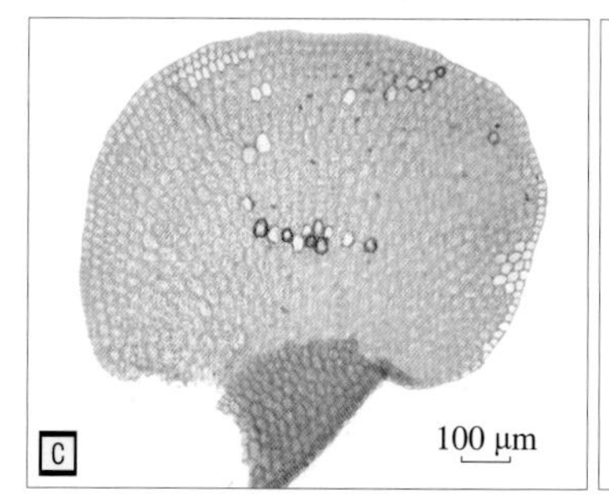

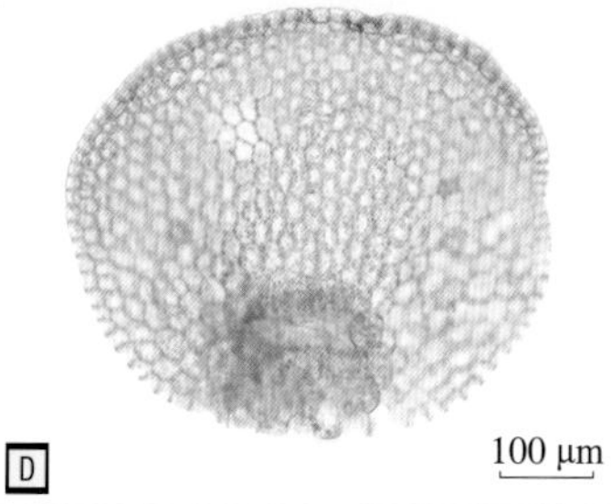

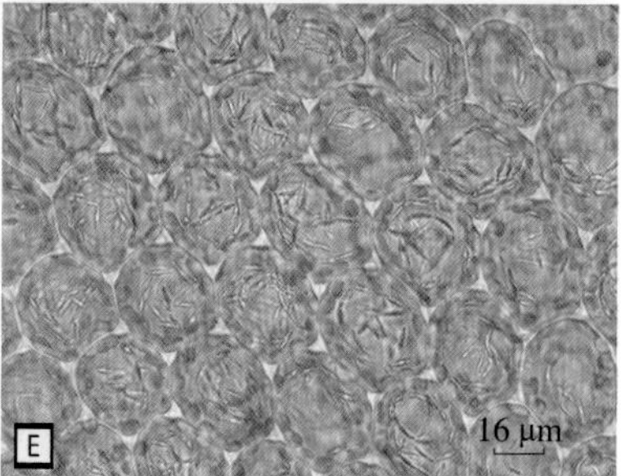

（2）尖叶唇鳞苔 *Cheilolejeunea subopaca* (Mitt.) Mizut.

采集号｜ CBLXH0360

植物体较小型，紧贴基质生长，黄绿色。不规则分枝，连叶宽不及1.5 mm，无假根盘。叶多疏生或毗邻，三角状卵形至长卵形，不对称，多少内凹及弯曲，先端急尖至锐尖，常向基质卷曲，边常全缘。腹瓣长为背瓣的1/3～2/5，近椭圆形，显著膨起，先端与背瓣仅以1个细胞连接，中齿退化，角齿多长1个细胞，透明疣位于角齿远轴侧。叶中部细胞近圆形，壁厚，三角体明显，背部具乳头疣。腹叶离生，近圆形，浅裂至近1/3，边全缘。雌雄异株。雄器苞常间生于长枝或短枝上，雌器苞生于主茎或侧枝上。蒴萼倒卵形，具5脊。保护区内收集于5月的样本中可见繁殖结构。

常生于山区林地的树干、树枝、树基、岩面及腐殖质上，保护区内见于松树坑。分布于东亚和南亚，我国安徽、贵州及西藏等省区有记录。

A 野外生活照
B 配子体局部
C 侧叶
D 腹叶
E 叶中部细胞

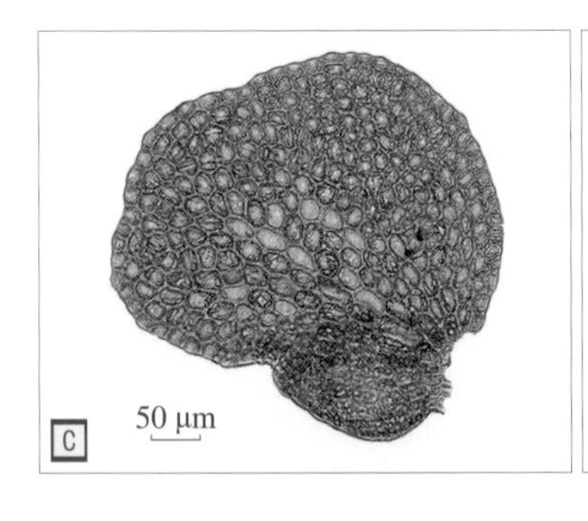

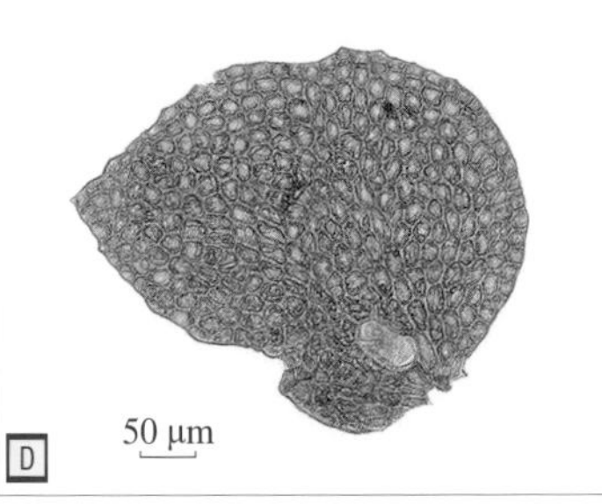

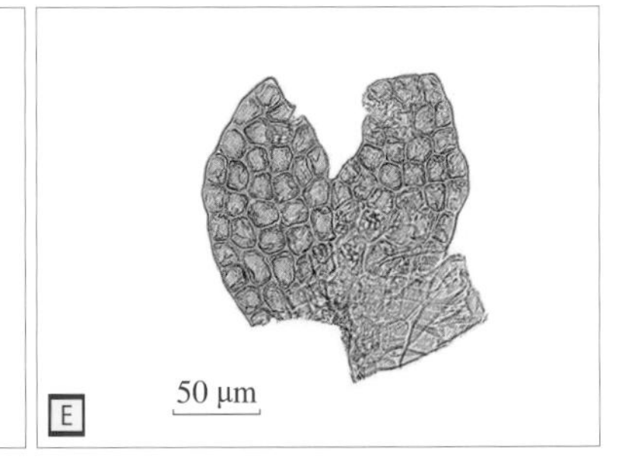

（3）钝瓣唇鳞苔 *Cheilolejeunea obtusilobula* (S. Hatt.) S. Hatt.

采集号 | CBLXH0133

植物体较小型，紧贴基质生长，嫩绿色。密集不规则分枝，连叶宽不及1.5 mm，无假根盘。叶覆瓦状排列，平展，卵形，先端圆形，叶边全缘。腹瓣长约为背瓣的1/2，斜卵形，近轴边缘内卷，先端斜截形并沿背瓣腹缘长下延，角齿不明显。叶中部细胞近圆形，壁薄，三角体较大。腹叶疏生或毗邻，宽约为茎宽的3倍，先端浅裂，至腹叶的2/5，边全缘。雌雄同株。雄苞常生于长枝上，雌苞常生于短枝上。蒴萼倒卵形，具4脊。保护区内收集的样本中暂未见蒴萼。

常生于山区林地的树干、树枝和叶面上，保护区内见于火龙径沿溪流的阔叶林下。分布于中国、日本和密克罗尼西亚，我国浙江、福建、贵州和台湾等地有记录。

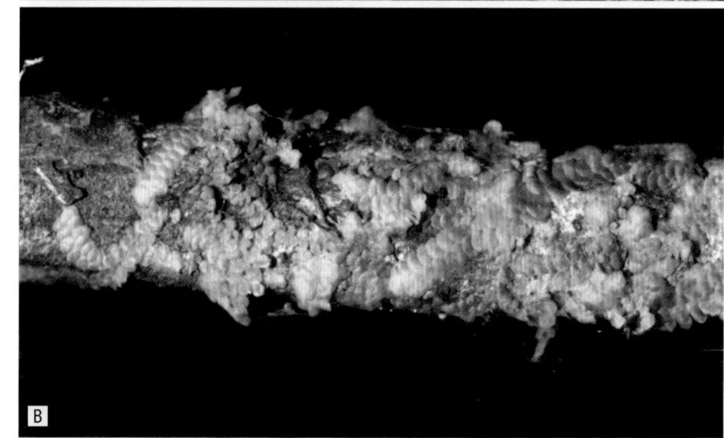

A 野外生活照（1）
B 野外生活照（2）
C 侧叶
D 腹叶

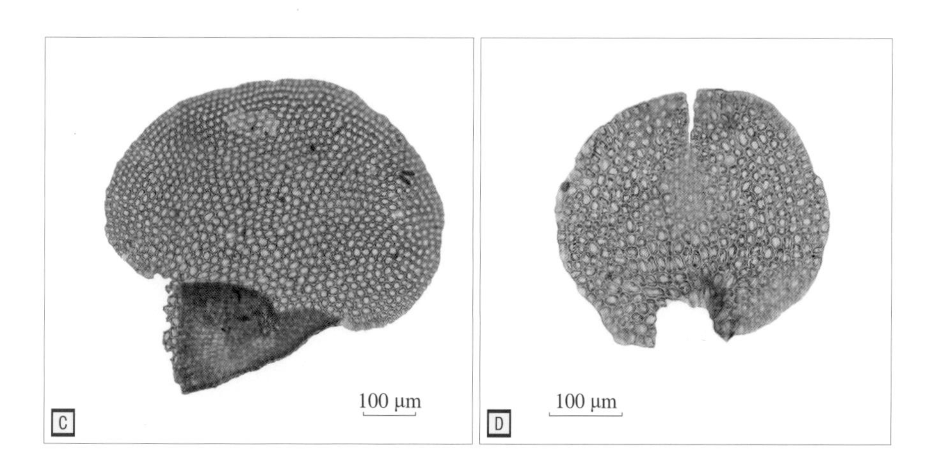

（4）粗齿疣鳞苔 *Cololejeunea planissima* (Mitt.) Abeyw.

采集号｜ CBLXH0531

植物体紧贴基质，有时密集堆叠生长，浅绿色至白绿色。不规则分枝，连叶宽不及2 mm，无假根盘。叶蔽前式覆瓦状排列，背瓣近椭圆形，平展，叶边全缘，顶端圆形，边缘具1～4列大型透明细胞。叶中部细胞六边形，壁薄，三角体小，中部无球状加厚，油体卵形或纺锤形。腹瓣卵形至三角形，具2～3个齿，近轴边缘常具1个钝齿，透明疣位于顶端，附体1个细胞。无腹叶。芽胞圆盘状，生于背瓣腹面。雌雄同株。雄器苞常生于短枝上，雌器苞生于长或短枝上。保护区内采集于5月的样本中可见繁殖结构。植物体不具腹叶，侧叶背瓣边缘具透明细胞，以及侧叶腹瓣形态为本种识别要点。

常生于山区林地岩面、树干及叶面上，保护区内见于往坳背坑方向的山道及溪流沿线。主要分布于东亚、南亚、东南亚、东非及太平洋岛屿，我国南方地区及青藏地区多省区可见。

A 野外生活照
B 侧叶
C 侧叶局部，示腹瓣
D 侧叶局部，示叶先端细胞
E 叶中部细胞
F 芽孢

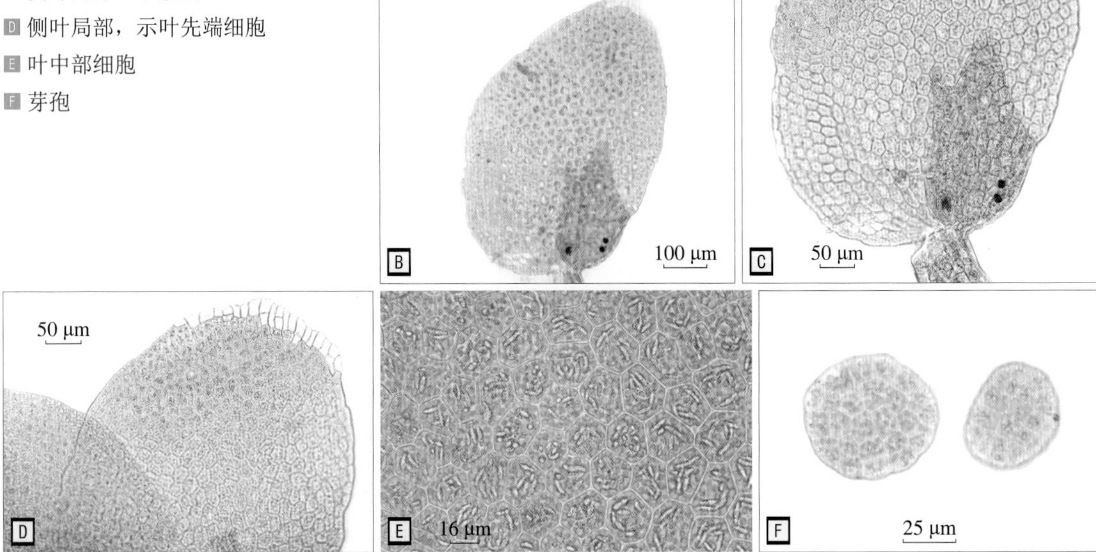

细鳞苔科

（5）狭瓣细鳞苔 *Lejeunea anisophylla* Mont.

采集号｜cblzd0096，cblzd0105，cblzd0152，cblzd2021078，cblzd2021325，cblzd2021327，cblzd0005，CBLXH0133，CBLXH0424

植物体较小，常于基质上成片生长或混杂于其他苔类植物中，浅黄绿色至黄绿色。不规则分枝，连叶宽可达1 mm左右。叶常蔽前式覆瓦状排列，长卵形，平展，顶端圆，边全缘。叶中部细胞六边形，壁薄，常具明显三角体，中部偶具球状加厚，每个细胞具油体7～15个，多卵形。腹瓣卵形至斜矩形，长为背瓣的1/4～1/3，常膨大，顶端斜截形，中齿单细胞，角齿不明显，透明疣位于中齿基部近轴侧。腹叶远生，近圆形，宽约为茎的2倍，深2裂，裂瓣外侧边缘常具1个钝齿。雌雄同株。雄器苞顶生于茎上或长枝上，雄腹苞叶仅生于雄器苞基部，雌器苞顶生于长枝或短枝上，蒴萼倒心形，具4～5个平滑的脊。本种为属内较为常见的种类，腹瓣及腹叶形态变异幅度较大，腹叶大小及形态可作为本种在显微镜下的一个识别特征。

常生于山地林区树干、树枝、腐木、岩面、土坡和叶面上，也见于受人类干扰但相对荫蔽湿润的环境，保护区内见于火龙径、仙人洞村附近。主要分布于东亚、南亚、东南亚和大洋洲，我国东部季风区及青藏地区多省区可见。

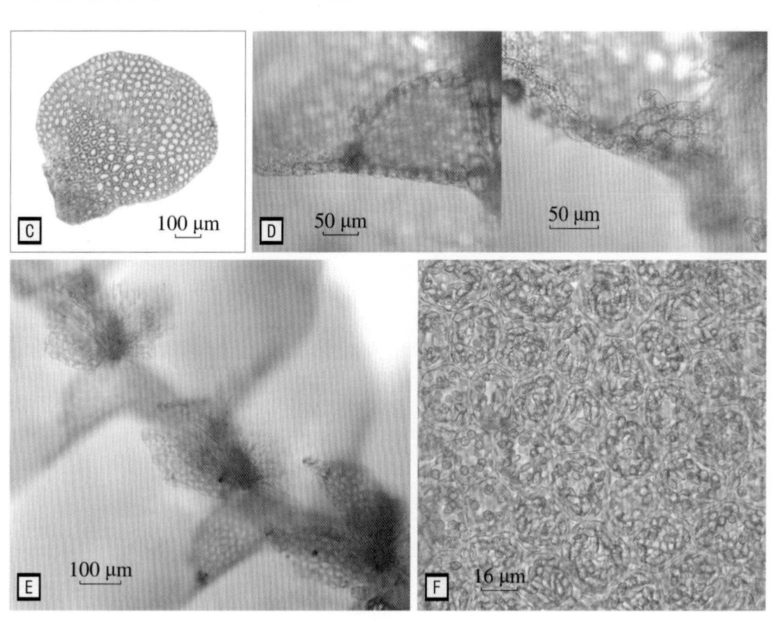

A 野外生活照，示叶附生状态
B 野外生活照
C 侧叶
D 侧叶局部，示腹瓣的变化
E 配子体局部，示腹叶的变化
F 叶中部细胞

（6）黄色细鳞苔 *Lejeunea flava* (Sw.) Nees.

采集号｜ cblzd0018，cblzd2021103，cblzd2021083，cblzd2021171，cblzd2021345，CBLXH0254，CBLXH0374，CBLXH0489

植物体较小，常于基质上成片生长或混杂于其他苔类植物中，黄绿色。不规则分枝，连叶宽不及1 mm。叶常蔽前式覆瓦状排列，卵形，平展，顶端圆，边全缘。叶中部细胞六边形，壁薄，三角体及中部球状加厚、小。腹瓣椭圆状卵形，长约为背瓣的1/4，膨大，顶端斜截形，中齿单细胞，角齿不明显，透明疣位于中齿基部近轴侧。腹叶相对较疏松地覆瓦状排列，卵形，长略大于宽，宽约为茎的4倍，顶端2裂至1/3，边常全缘。雌雄同株。雄器苞生于长枝或短枝上，雄腹苞叶2～7对。雌器苞生于侧短枝上，蒴萼梨形，具5个平滑的脊。

常生于山地林区树干、树枝、土面和叶面上，保护区内见于往松树坑及黄竹山方向的沿途。广布于温带、亚热带和热带地区，我国东部季风区及青藏地区多省区可见。

细鳞苔科

A 野外生活照
B 配子体局部
C 配子体局部，示蒴萼
D 侧叶
E 腹瓣
F 腹叶
G 叶中部细胞

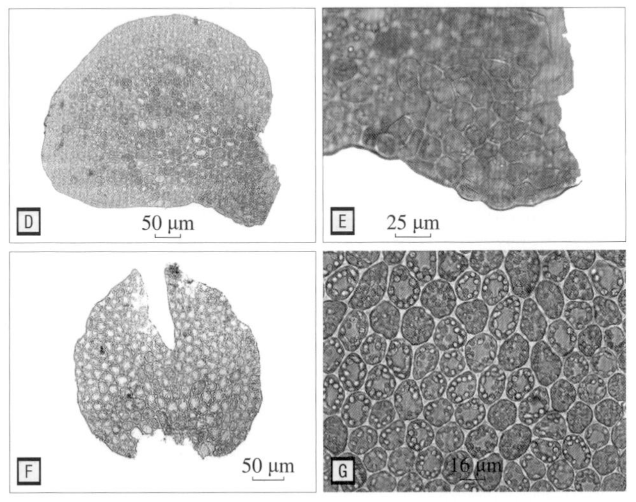

（7）疏叶纤鳞苔 *Microlejeunea ulicina* (Taylor) Steph.

采集号｜ CBLXH0508

植物体极纤小，常于基质上混杂于其他苔藓植物中或攀附于其他苔藓植物上，嫩黄绿色。不规则分枝，分枝稀少，连叶宽常不及0.25 mm。叶离生，卵形，平展，顶端圆或钝，边全缘。叶中部细胞六边形，壁薄，三角体小，无中部球状加厚，每个细胞2～3个油体，每片叶具1～2个生于叶基的油胞。腹瓣卵形，长为背瓣的1/2～3/4，强烈膨大，中齿单细胞，角齿不明显，透明疣位于中齿基部近轴侧。腹叶远生，近圆形，深2裂。保护区内收集的样本中暂未见繁殖结构。本种肉眼几不可见，通常需体视镜检从其他苔藓植物中挑选而出。

常生于山地林区树干和树枝上，保护区内见于企岭下村至尖峰崀（长坑顶）途中。东亚及北美洲有分布，我国南方地区及青藏地区多省区可见。

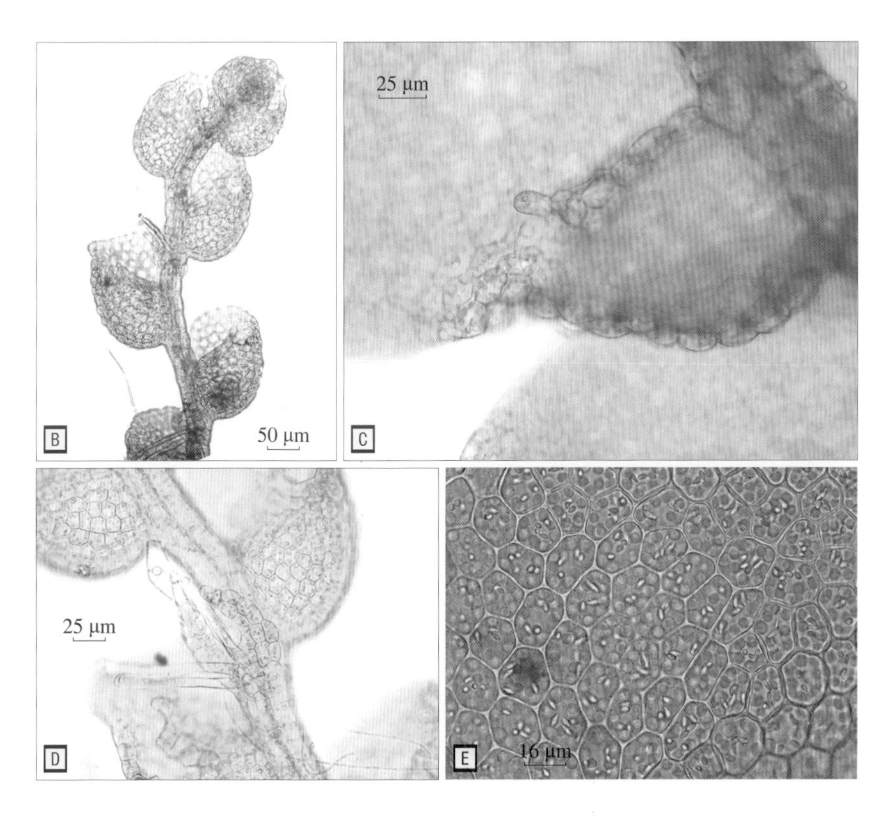

A 野外生活照
B 配子体局部
C 侧叶局部，示腹瓣
D 配子体局部，示腹叶
E 叶中部细胞

（8）东亚薄鳞苔 *Leptolejeunea subacuta* Steph. ex A. Evans

采集号 | cblzd0046，cblzd0129，cblzd2021317，cblzd2021154，cblzd2021240，cblzd2021253，cblzd2021316，CBLXH0217，CBLXH0317，CBLXH0424，CBLXH0425

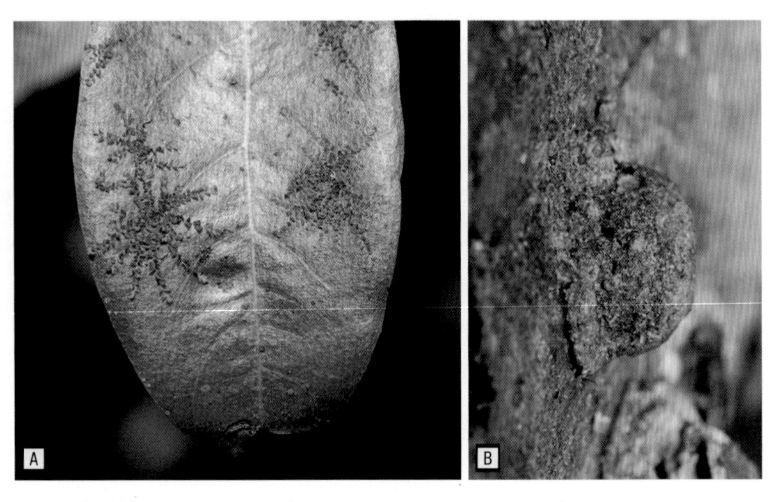

植物体微小，茎枝紧贴基质生长，侧叶常竖起，群体有时呈放射状，亦可混生于其他苔类植物中，湿时绿色至深绿色，干时褐色至黑色。不规则分枝，连叶宽常不及1 mm。叶蔽前式排列，毗邻或疏生，不对称卵形至椭圆形，平展，顶端钝，边全缘。叶中部细胞近六边形，壁薄，三角体及中部球状加厚、小。每片叶具9～16个油胞，叶基常具1个大的椭圆形油胞，与中间油胞相距2个细胞。腹瓣卵形或矩圆形，长约为背瓣的1/4，第一齿为直的单细胞。腹叶远生，深裂，裂瓣长3～4个细胞，宽1～2个细胞。雌雄异株。保护区内收集的样本中暂未见繁殖结构。薄鳞苔属植物体常散发出浓烈的精油气味，靠近往往可察觉。

常生于叶面上，有时也见于树干等其他基质表面，保护区内见于三角塘自然教育径、松树坑和仙人洞村附近等地。主要分布于东亚及东南亚，我国南方地区数省区可见。

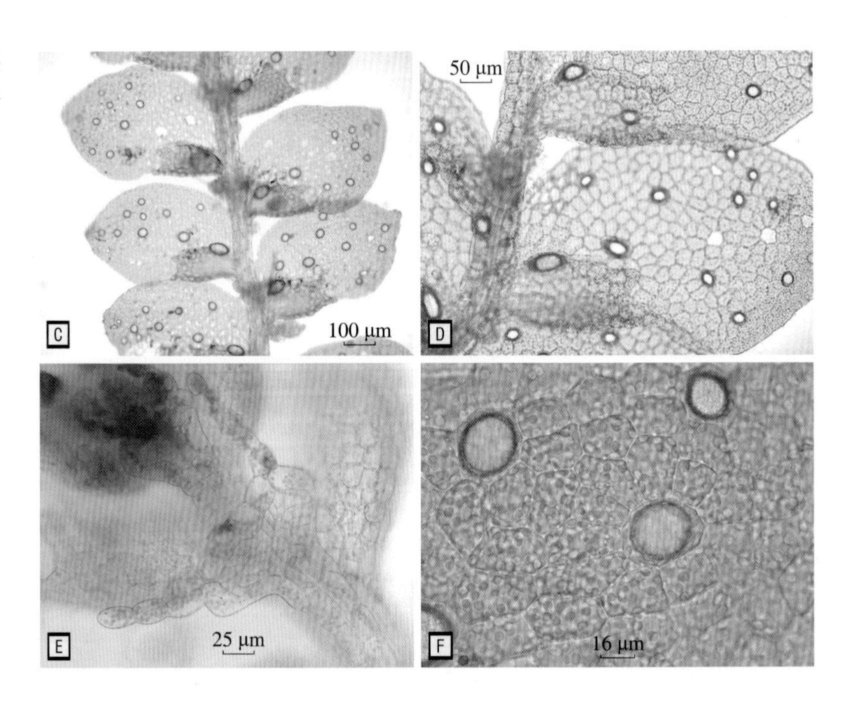

A 野外生活照，示叶附生状态
B 野外生活照，示附生于树干上的状态
C 配子体局部
D 配子体局部，示腹瓣
E 配子体局部，示腹叶
F 叶细胞及油胞

（9）黑冠鳞苔 *Lopholejeunea nigricans* (Lindenb.) Steph. ex Schiffn.

采集号｜CBLXH0281，CBLXH0490，CBLXH0542

植物体紧贴基质生长，湿时常呈浓郁的黑绿色，干时褐色。不规则分枝，连叶宽可达1.5 mm左右，无假根盘。叶蔽前式覆瓦状排列，卵形至椭圆状卵形，平展，顶端圆形或圆钝，叶边全缘。叶中部细胞六边形，细胞壁薄至微加厚，三角体小至中等大，中部具球状加厚，每个细胞常具十余个油体，卵形至长椭圆形。腹瓣卵形，长达背瓣的1/4～1/3，顶端以1个细胞与背瓣相连。腹叶疏生，宽为茎的2～4倍，近圆形，宽大于长，有时顶端反卷。雌雄同株。雄器苞顶生或间生，雌器苞顶生，蒴萼倒卵形，具4个带刺的脊。保护区内收集于5月的样本中可见繁殖结构。湿润状态下的颜色为本种一个较为直观的识别特征。

常生于山区林地岩面或树干上，保护区内见于自然学校附近、三角塘自然教育径及管理局往松树坑方向的沿途。广布于热带地区，我国南方地区多省区可见。

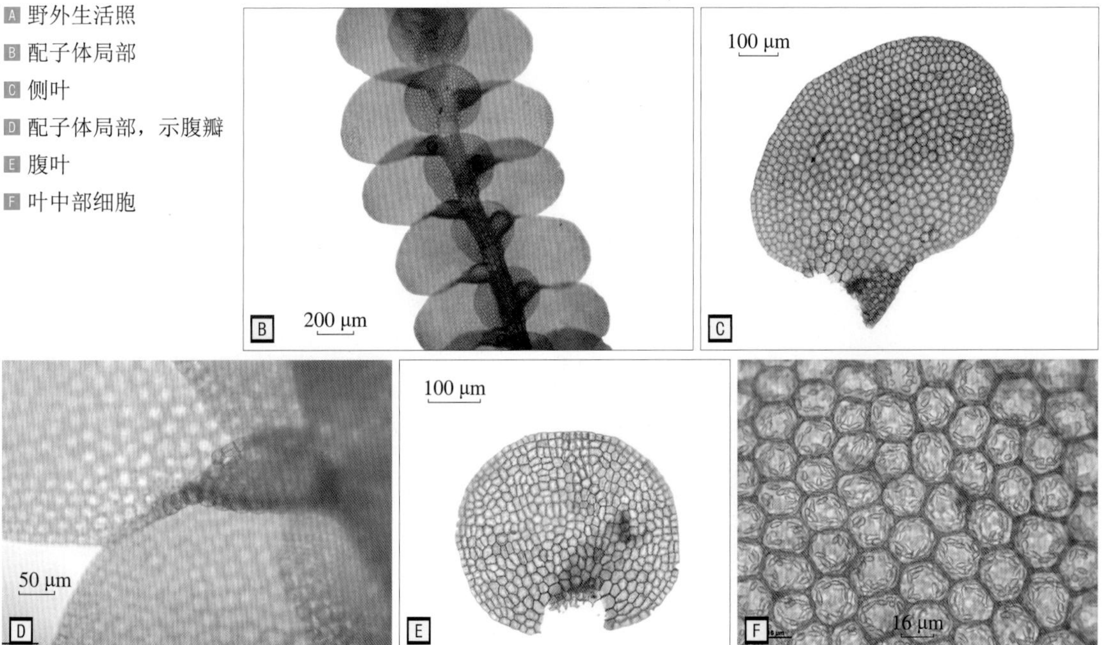

A 野外生活照
B 配子体局部
C 侧叶
D 配子体局部，示腹瓣
E 腹叶
F 叶中部细胞

细鳞苔科

（10）南亚鞭鳞苔 *Mastigolejeunea repleta* (Taylor) A. Evans

采集号 | cblzd2021082，cblzd2021079，CBLXH0170

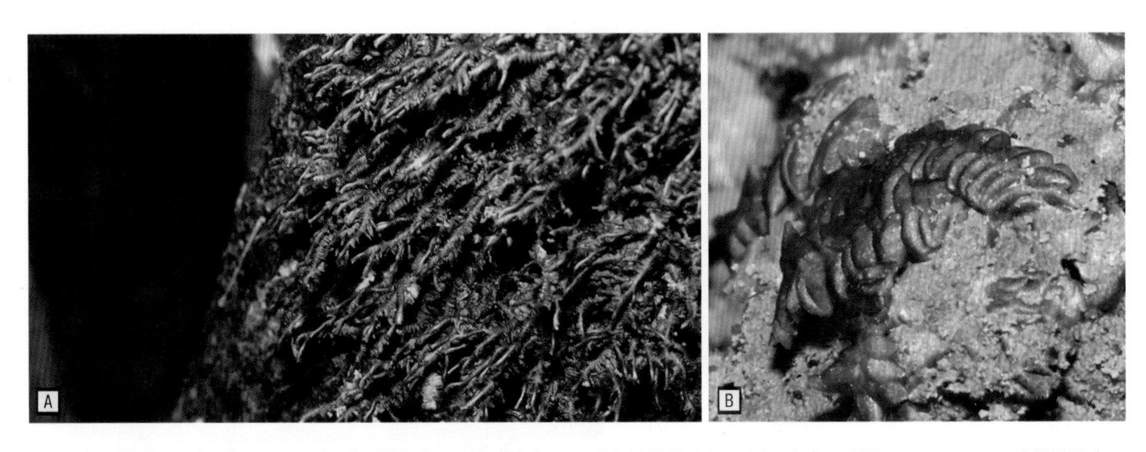

植物体深绿色，干时呈黑绿色至深褐色。不规则分枝，连叶宽可达2.5 mm，无假根盘。叶密集覆瓦状排列，背瓣长卵形，顶端锐尖或钝尖，叶边全缘。叶中部细胞六边形，细胞壁薄或稍加厚，三角体大，心形，中部具球状加厚。每个细胞具2～4个油体，长椭圆形。腹瓣卵形，长为背瓣的1/4～1/3，顶端斜截形，具1～2个齿。腹叶常覆瓦状排列，肾形，宽约为茎的3倍，先端及侧边常反卷，边全缘。雌雄同株。雄器苞生于短枝或长枝上，雌器苞顶生，蒴萼倒卵形或椭圆形，具3个脊。保护区内收集的样本中暂未见蒴萼。

生于树干或树基上，保护区内见于饭池嶂。主要分布于东亚、南亚和东南亚，我国福建、广东、云南、台湾和香港有记录。

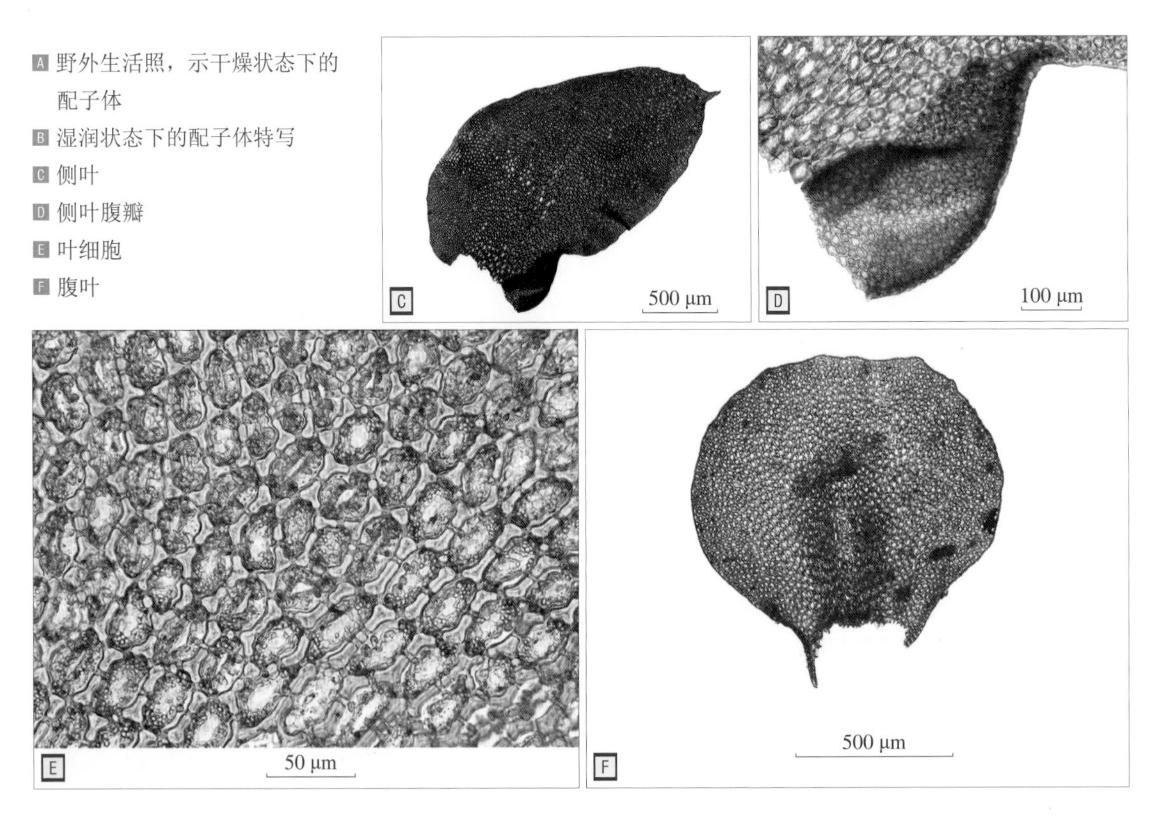

A 野外生活照，示干燥状态下的配子体
B 湿润状态下的配子体特写
C 侧叶
D 侧叶腹瓣
E 叶细胞
F 腹叶

（11）皱萼苔 *Ptychanthus striatus* (Lehm. & Lindenb.) Nees

采集号｜ cblzd0041，cblzd0045，cblzd0142，cblzd2021105，cblzd2021086，cblzd2021153，cblzd2021209，CBLXH0296，CBLXH0315，CBLXH0317，CBLXH0324，CBLXH0335，CBLXH0342，CBLXH0357，CBLXH0434

植物体大型，粗壮，常向下斜展呈羽状，湿时灰绿色至棕绿色，干时棕黄色。具1～2回不规则羽状分枝，连叶宽可达约3.5 mm。背瓣椭圆状卵形，平展，顶端锐尖至尾尖，边缘具细齿至粗齿。叶中部细胞六边形，壁略厚，三角体心形，具中部球状加厚。腹瓣卵形，长为背瓣的1/5～1/4，顶端平截，具2个齿，中齿长1～4个细胞，角齿长1～2个细胞，透明疣位于中齿基部内面。腹叶阔匙形，顶端2浅裂，边缘具细齿，基部有时外卷。雌雄同株。雄器苞顶生或间生于长枝，雌器苞生于短枝或长枝上，蒴萼长倒卵形，具10个平滑的脊。保护区内采集于5月的标本中可见繁殖结构。该种在保护区内生长得非常繁茂，肉眼即可辨识。

常生于山区湿润林地的树干和树枝上，保护区内见于三角塘自然教育径，以及往单竹坑、松树坑方向的沿途。广布于亚洲、非洲和大洋洲的热带及亚热带地区，我国东部季风区及青藏地区多省区可见。

A 野外生活照
B 植物体局部放大，示成熟孢子体及雄器苞
C 侧叶
D 腹叶
E 叶中部细胞

27. 绿片苔科 Aneuraceae

（1）多枝片叶苔 *Riccardia chamedryfolia* (With.) Grolle.

采集号｜ cblzd2021031，cblzd2021012

植物体中到大型，黄绿色至深绿色，干燥后灰棕色。叶状体2～3回羽状分枝，分枝末端略凹陷。主轴表面细胞平滑，中间厚，两边薄，横切面呈平凸形，厚5～9层细胞，皮部细胞小于内部细胞，边缘圆钝至翼状，单层细胞翼部宽1～2个细胞。末端羽枝呈匍匐状，极少直立上升，长达1 cm，宽0.4～0.9 mm，横切面呈平凸形，厚3～5层细胞，边缘翼部宽2～3个细胞。表皮细胞、内部细胞和翼部细胞均含油体，油体棕褐色，椭圆形至蠕虫形，由不清晰颗粒聚合而成。芽胞常生于嫩枝腹面。雌雄同株。

喜生于林下湿润土面、石面或倒木上，保护区内见于鹿子洞。北半球广布，我国各省区均有分布。

A 野外生活照
B 主轴横切面
C 末端羽枝横切面

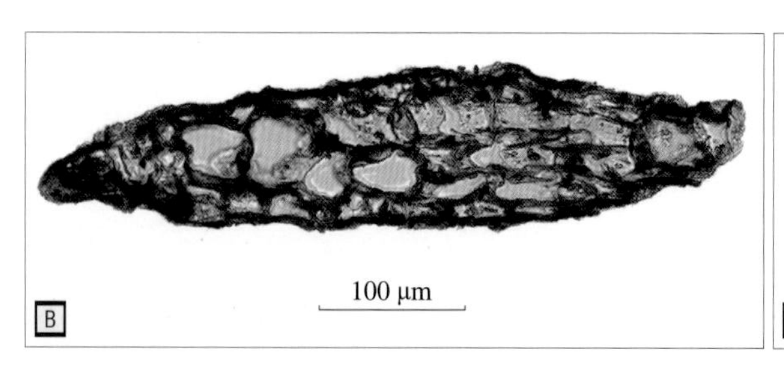

（2）片叶苔 *Riccardia multifida* (L.) Gray

采集号｜ cblzd0057

叶状体淡绿色至深绿色，干燥后为黑棕色，长可达3 cm，宽约1 mm。2～3回规则羽状分枝，分枝带形。主轴横切面平凸形，厚5～8层细胞，边缘翼部宽2～3列细胞且透明，皮部细胞小于内部细胞。末端羽枝匍匐或直立上升，长0.5 cm，宽0.2～0.5 mm，横切面呈细长至平凸形，厚3～5层细胞，边缘翼部宽2～3列细胞，半透明。表皮细胞多不含油体，每20个表皮细胞中有1个含油体，油体小型。内部细胞均含油体，油体中型，每个细胞具1～2个。

喜生于腐木上，保护区内见于松树坑。世界各地广布，我国东部季风区多省区有分布。

A 野外生活照
B 主轴横切面
C 末端羽枝横切面

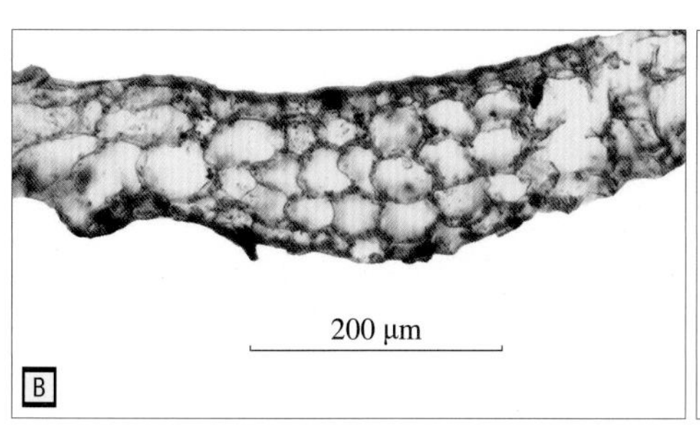

角苔植物门

Anthocerotophyta

1. 角苔科 Anthocerotaceae

（1）台湾角苔 *Anthoceros angustus* Steph.

采集号｜ cblzd0062，cblzd2021038，CBLXH0086

叶状体匍匐群集生长，有时形成莲座状，嫩绿色至浓绿色。二歧分枝，无中肋，边缘常具多个近圆形至椭圆形芽胞。叶状体背面每个表皮细胞具1个大叶绿体，其内部具黏液腔。雌雄异株。精子器腔成列着生于雄配子体背面近中部，陷于表皮下方，繁殖期肉眼可见，每个腔内着生多个精子器，数量可达50个以上，成熟精子器为长椭球形，有壁细胞4层。孢蒴长角状，直立，长可达5 cm以上，成熟后从顶端向下纵2裂，内具蒴轴，外壁具气孔。孢子浅褐色至褐色，近极面观具明显的三射线突起。假弹丝蠕虫状，浅褐色，由3～4个细胞组成，壁薄。本种为角苔属内叶状体边缘具芽胞的唯一种类，肉眼即可辨识。

常生于郊野道旁、苗圃地等受人类活动影响环境的湿润土面、沙土表面或岩面，保护区内见于管理局往松树坑方向的沿途。分布于东亚及南亚，我国南方地区及青藏地区数省区可见。

A 野外生活照，示雄株
B 叶状体特写，示精子器腔
C 野外生活照，示雌株
D 野外生活照，示叶状体边缘芽胞

（2）褐角苔 *Folioceros fusciformis* (Mont.) D. C. Bhardwaj

采集号｜ cblzd2021037，cblzd2021040，cblzd2021305，CBLXH0042，CBLXH0087，CBLXH0088，CBLXH0412

叶状体匍匐群集生长，浓绿色至暗绿色。二歧分枝，无中肋，边缘具不甚规则的羽状裂片。叶状体背面的每个表皮细胞具1个大叶绿体，叶绿体具中央蛋白核，内部具黏液腔。雌雄同株。精子器腔沿雄配子体主轴列生，陷于表皮下方，每个腔内着生数十个精子器，成熟精子器近球形至椭球形，精子器壁细胞4层，排列规则。孢蒴长角状，直立，长可达4 cm，成熟后从顶端向下纵2裂，内具蒴轴，外壁具气孔。孢子黑褐色，具乳头状至棒状突起。假弹丝蠕虫状至线形，褐色，由2～4个细胞组成，胞壁强烈加厚，胞腔狭窄。本种为相对常见的角苔类植物。

常生于郊野道旁及溪沟边潮湿的土表或岩面上，也可出现于受人类活动影响的环境中，保护区内见于管理局附近、管理局至松树坑和单竹坑途中，以及往仙人洞村途中。分布于东亚、东南亚、南太平洋岛屿及留尼汪岛，我国南方地区及青藏地区多省区可见。

A 野外生活照，示叶状体
B 野外生活照，示成熟孢子体
C 孢子及假弹丝

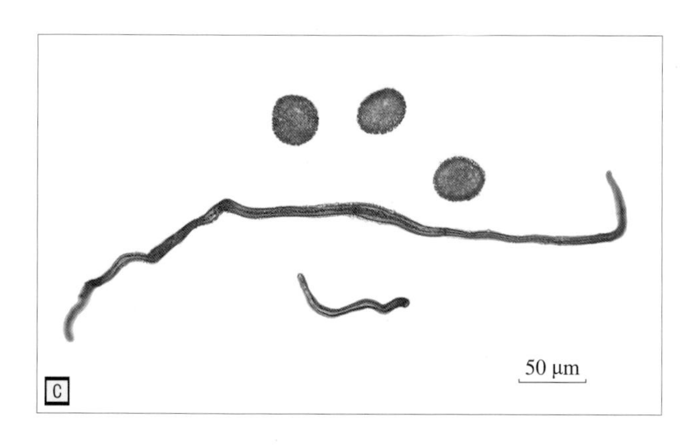

角苔科

2. 树角苔科 Dendrocerotaceae

东亚大角苔 *Megaceros flagellaris* (Mitt.) Steph.

采集号｜ cblzd0056，cblzd0125

叶状体相对较大，匍匐群集生长，浓绿色至暗绿色。不规则或二歧分枝，无中肋，体表光滑，边缘平滑或具小裂片。叶状体背面表皮细胞常具2～3（5）个大叶绿体，叶绿体不具蛋白核，内部无黏液腔。雌雄同株。精子器腔不规则生于雄配子体背面，陷于表皮下方，每个腔内着生1（3）个精子器，成熟精子器近球形，精子器壁细胞排列不规则。孢蒴长角状，直立，长可达5 cm，成熟后从顶端向下纵2裂，内具蒴轴，外壁不具气孔。新鲜孢子呈绿色，近极面观可见三射线，远极面观可见多数乳头状突起。假弹丝浅褐色，单螺纹加厚。

常生于溪谷边的湿润岩面上，保护区内见于管理局往松树坑、细坝横坑口方向的沿途。主要分布于东亚、东南亚、南亚、大洋洲及一些太平洋岛屿，我国南方地区多省区可见。

A 野外生活照，示生境及孢子体

B 叶状体形态

C 孢子远极面

D 假弹丝

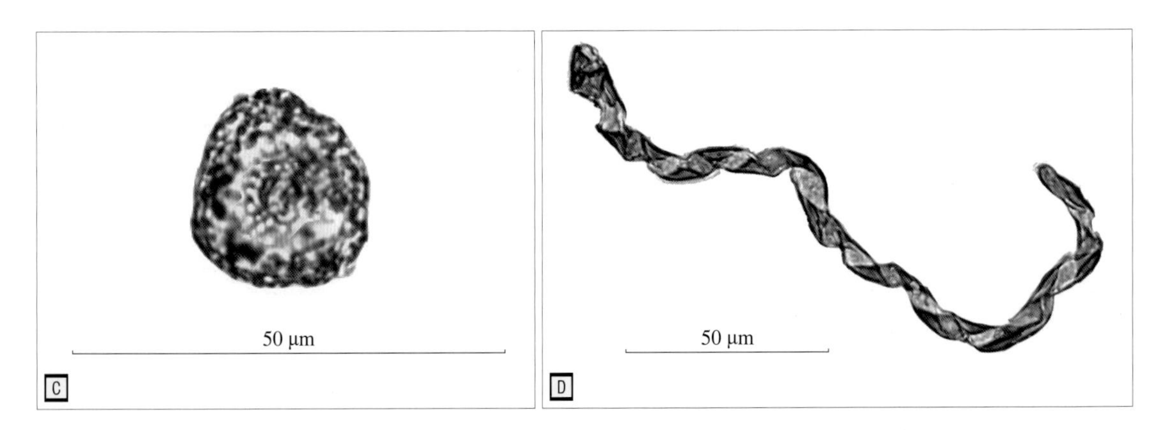

3. 短角苔科 Notothyladaceae

黄角苔 *Phaeoceros laevis* (L.) Prosk.

采集号｜ CBLXH0278

叶状体匍匐群集生长，有时形成莲座状，绿色，带状或近半圆形，叉状分瓣，不规则浅裂，无中肋。叶状体背面表皮细胞常具1个大叶绿体，叶绿体具1个蛋白核，内部无黏液腔。雌雄异株。精子器腔生于雄配子体背面，陷于表皮下方，每个腔内着生1～8个精子器，成熟精子器近球形或椭球形，精子器壁细胞排列不规则。孢蒴长角状，直立，长可达4 cm，成熟后从顶端向下纵2裂，内具蒴轴，外壁具气孔。孢子黄色，近极面观具明显的三射线突起，乳头状突起遍布孢子表面。假弹丝呈不甚规则的膝曲状带形，有时分叉，浅黄色，由2～4个细胞组成，壁薄。

常生于农地或苗圃中较湿润的土表等受人类活动影响的环境中，保护区内见于企岭下检查站附近的道旁边坡上。除南极洲外的世界各大洲均有分布，我国南北多省区广布。

A 成熟孢子体局部特写
B 野外生活照
C 孢子
D 假弹丝

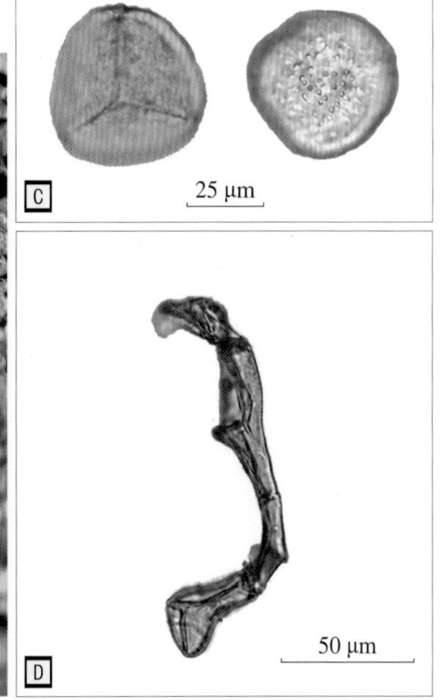

藓类植物门

Bryophyta

1. 金发藓科 Polytrichaceae

（1）小胞仙鹤藓 *Atrichum rhystophyllum* (Müll. Hal.) Paris

采集号｜ cblzd2021170，CBLXH0516

植物体较小，柔软，常呈淡绿色至绿色。茎直立，常单一，连叶高可达2 cm。叶干时强烈卷缩，湿润时舒展，长舌形，先端锐尖至渐尖，背部具棘刺。叶缘具1～2列狭长细胞构成的分化边缘，边具双齿。中肋单一，长达叶尖或消失于叶尖略下方。栉片4～6列，仅生于中肋腹面，高2～7个细胞。叶中部细胞椭圆形，直径常不超过18 μm。雌雄异株。雄器苞花状，孢蒴长圆柱形，多倾立，蒴盖具长喙。蒴帽兜形。保护区内收集的样本暂未见繁殖结构和孢子体。仙鹤藓属的孢子体形如仙鹤昂首，配子体外观和金发藓科其他属类似，但颇为柔弱，显微镜下极易通过叶（尤其是栉片）的特征将其识别到属。

常生于郊野和山地较为荫蔽潮湿处的土面，也可出现于受人类活动影响的环境中，保护区内见于往坳背坑方向途中沿山道。分布于东亚，我国南方地区数省区可见。

A 野外生活照

B 配子体特写

（2）刺边小金发藓 *Pogonatum cirratum* (Sw.) Brid.

采集号｜cblzd2021329，cblzd2021107，cblzd2021131，cblzd2021261，cblzd0025，cblzd2021003，CBLXH0053，CBLXH0069，CBLXH0226，CBLXH0232，CBLXH0242

植物体大型，较硬挺，常呈浓绿色、暗绿色或褐绿色。茎直立，常单一，连叶高常为1～4（9）cm。叶干时强烈卷缩，湿润时倾立，基部（鞘部）卵形，向上渐呈带状披针形。叶缘常为2层细胞厚，具粗齿，达叶中下部。中肋单一，突出叶尖。栉片密生于腹面（近轴面），高多为2（3）个细胞，顶细胞常不分化。雌雄异株。蒴柄长可达3 cm以上，孢蒴直立，长卵形至近圆柱形。蒴帽兜形，密被浅金色至金棕色纤毛。对比小金发藓属其他常见种，本种栉片较低矮，叶质感相对柔软，在较熟悉本地苔藓植物种类的前提下甚至可肉眼感知。

常大片生长于相对荫蔽和湿润的林缘道旁边坡土面或岩面薄土上，保护区内见于管理局往松树坑、三角塘，以及往黄竹山方向的沿途。主要分布于东亚和东南亚，欧洲及美洲中部有记录，我国华东、华南及西南多省区有分布。

A 野外生活照，示配子体

B 野外生活照，示孢子体

C 孢子体局部，示蒴帽

（3）硬叶小金发藓 *Pogonatum inflexum* neesii (Müll. Hal.) Dozy

采集号｜ cblzd2021046，cblzd2021351，cblzd2021235，cblzd2021230，cblzd2021245，BLXH124，CBLXH216，CBLXH361

植物体硬挺，常呈鲜绿色至灰绿色。茎直立，常单一，连叶高常为1～3 cm。叶干时卷曲，先端内弯，湿润时倾立，基部（鞘部）卵形，向上渐呈带状披针形。叶缘单层细胞厚，上部具锐齿。中肋单一，突出叶尖。栉片密生于腹面（近轴面），高多为3～4个细胞，顶细胞切面观多呈长椭圆形或不规则圆方形，长度常大于宽度，上部常凹陷，有时具微弱细疣。雌雄异株。蒴柄长可达约4 cm，孢蒴近直立，长卵形至近圆柱形。蒴帽兜形，密被浅金色至金棕色纤毛。本种为小金发藓属内颇为常见的种类。

常大片生长于相对开阔、光照较强的林缘道旁边坡土面、岩面或岩面薄土上，保护区内见于松树坑及三家村附近。主要分布于亚洲的暖热地区、澳大利亚和太平洋岛屿，广布于我国东部季风区。

A 雄株特写
B 雌株群体
C 原丝体及新生植株
D 雄株群体

金发藓科

（4）台湾拟金发藓 *Polytrichastrum formosum* (Hedw.) G. L. Sm.

采集号｜ cblzd2021284，cblzd2021361，CBLXH0403

植物体大型，硬挺，鲜绿色至褐绿色。茎直立，常单一，连叶高常为4～6（15）cm。叶干时平展贴茎，湿润时倾立，基部（鞘部）近圆角矩形，上部狭披针形。叶缘具齿。中肋单一，突出叶尖呈芒状。栉片密生于腹面（近轴面），高多为4～6个细胞，顶细胞切面观与下部细胞形似。雌雄多异株。蒴柄长可达5 cm，孢蒴倾立，具4棱，台部不明显。蒴帽兜形，密被浅金色纤毛。保护区内收集的样本中暂未见成熟孢子体。植物体干时叶平展贴茎、孢蒴具4棱为本种的直观特征。

多生于有一定海拔的山区林地，保护区内见于企岭下村至长坑顶（尖峰崀）途中的岩面薄土上。主要分布于亚洲、欧洲、北美洲、非洲和大洋洲，我国南北多省区可见。

A 野外生活照（1）

B 野外生活照（2）

2. 短颈藓科 Diphysciaceae

东亚短颈藓 *Diphyscium fulvifolium* Mitt.

采集号｜ cblzd0123，cblzd2021101，cblzd2021269，CBLXH0385

植物体较矮小，分散或丛集生长，高约0.5（1）cm，连孢子体不及1 cm，鲜绿色、浓绿色至暗绿色。茎单一。叶密集着生，干时卷缩，湿润时伸展，狭长舌形，先端呈短突尖状。中肋不及叶先端或突出叶尖，叶中上部细胞常为2层，近卵方形或不规则形，壁厚，背腹面均多疣。雌雄异株。雌器苞生于植物体先端，雌苞叶常呈长卵状披针形，膜状，先端常具纤毛，中肋突出呈长芒状。蒴柄极短，孢蒴呈不对称的斜卵形，不同成熟阶段呈嫩绿色、黄褐色至褐色。孢蒴形态为短茎藓属非常直观的识别特征，若无孢子体，则本属植物肉眼观察下形似丛藓科种类。

常生于林区土表或岩面薄土上，保护区内见于企岭下至尖峰崀途中。分布于东亚和东南亚，我国南方地区多省区可见。

A 野外生活照，示营养生长期

B 野外生活照，示繁殖期

C 配子体特写，示雌苞叶

D 孢子体特写

3. 细蓑藓科 Micromitriaceae

细蓑藓 *Micromitrium tenerum* Crosby

采集号｜CBLXH0118

植物体极为微小纤弱，分散或丛集生长，连叶高1～2 mm，嫩绿色。茎极短。叶片数量少，叶狭长卵状披针形，基部全缘，中上部具弱齿。无中肋，叶中部细胞近长方形。雌雄同株。雌苞叶与下部叶近同形。蒴柄极短，孢蒴隐于苞叶中，单生或双生，近球形，无蒴盖、蒴齿等结构。孢子浅褐色，不规则椭球形。本种极难以肉眼发现，如具成熟孢子体，则在显微镜下较易识别。

可生于季节性水淹的水体土岸、林缘或农地土表，保护区内见于三家村附近菜地，与钱苔属、立碗藓属、小曲尾藓属等种类混生。主要分布于东亚、南亚、欧洲、美洲、西非和大洋洲，我国此前仅记录于香港、澳门和西藏。

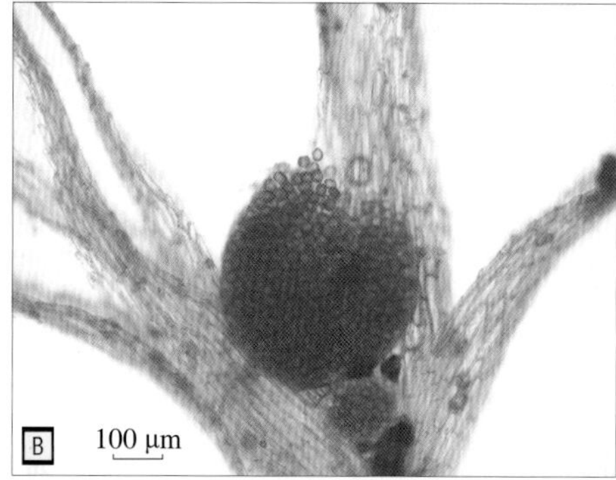

A 显微镜下的植株全貌，示配子体和孢子体
B 植株特写，示开裂的孢子体
C 叶
D 未开裂的孢子体
E 开裂的孢子体及孢子

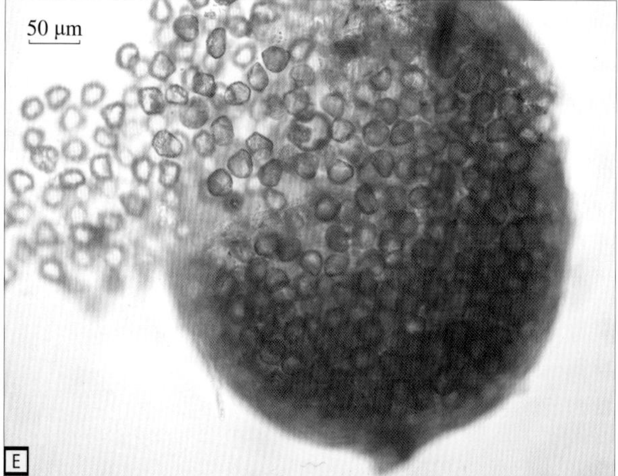

4. 葫芦藓科 Funariaceae

（1）葫芦藓 *Funaria hygrometrica* Hedw.

采集号｜ cblzd2021302，CBLXH0451

植物体小片丛集或大面积散生，黄绿色至嫩绿色，高约1（2）cm，连孢子体可达6 cm以上。茎常单一。叶干时皱缩，湿润时倾立，质感柔软，阔卵形、卵状披针形或倒卵形，先端锐尖，叶边全缘，多少内卷。中肋单一，达叶尖。叶中部细胞呈不规则矩形至多边形。雌雄同株。蒴柄长可达5 cm，孢蒴呈不对称梨形，垂倾，台部较明显，干时常具纵沟。蒴齿双层，内外层对生。蒴盖圆盘状，顶部微凸。蒴帽兜形，上部具长喙。成熟孢蒴形态为葫芦藓最直观的识别特征，若无孢子体，则本属植物肉眼观察下与立碗藓属植物较为形似。

常生于田地、院落、绿化带和花盆等富含氮肥的土壤上，也见于林缘道旁或火烧迹地上，保护区内见于松树坑附近道旁及企岭下村房前菜地。世界广布，我国南北多省区常见。

A 野外生活照，示植物体及生境

B 孢子体局部，示蒴帽有未脱落的孢子体

C 孢子体特写，可见蒴盖

（2）江岸立碗藓 *Physcomitrium courtoisii* Paris & Broth.

采集号｜ cblzd0079，cblzd0078，CBLXH0104，CBLXH0105，CBLXH0116

植物体常形成稀疏群体，嫩绿色，高常不及1 cm，连孢子体可达2 cm以上。茎单一。叶干时皱缩，湿润时倾立，倒卵形至倒卵状披针形，短渐尖，叶边近全缘，具狭长细胞形成的分化边。中肋单一，达叶尖或稍突出。叶中部细胞近短矩形或菱形。雌雄同株。蒴柄长可达1 cm，孢蒴碗状至杯状，台部较明显。无蒴齿。蒴盖锥形，先端具短喙。成熟孢蒴形态为立碗藓属直观的识别特征。

常生于湿润的农地、苗圃、绿化带和花盆土表，保护区内见于管理局往松树坑方向及三家村附近的道旁、菜地和果园中。我国特有种，南北多省区有分布。

A 野外生活照，示生境

B 野外生活群体

（3）红蒴立碗藓 *Physcomitrium eurystomum* Sendtn.

采集号｜cblzd2021141

植物体直立，不分枝，高2～5 mm。叶多呈莲座状集生于茎先端，长卵形或长椭圆形，渐尖，叶边全缘，先端叶较大，长约4 mm，宽约1.3 mm，下部叶较小，长约1.5 mm，宽约0.8 mm。中肋黄色，长达叶尖。叶中部细胞长六边形或长椭圆状六边形，叶缘具狭长细胞构成的明显分化边。蒴柄长5～11 mm，浅黄色至红褐色，平滑。孢蒴球形或椭圆状球形，台部短。蒴盖锥形，顶圆突，裂开后蒴口较小，罐口形。本种植物体非常细小，易于与本属的其他种区别。

常生于农田、苗圃、绿化带等生境，保护区内见于大坑口。主要分布于欧洲、亚洲和北美洲，我国南北多省区有分布。

A 植株放大

B 野外生活照，示生境

5. 缩叶藓科 Ptychomitriaceae

威氏缩叶藓 *Ptychomitrium wilsonii* Sull. & Lesq.

采集号 | CBLXH0277

植物体簇生，高可达1.5 cm，保护区内采集到的个体相对较小，不及1 cm，黄绿色至深绿色。茎单一，或于上部叉状分枝。叶干时扭转卷缩，湿润时舒展倾立，长卵状披针形或长卵状舌形，上部略呈龙骨状，先端较阔。叶缘平展，中上部具多细胞构成的不规则粗齿。中肋单一，达叶尖或消失于叶尖下方。叶中上部细胞不透明，近圆方形或近方形，壁略厚，近基部细胞壁薄，透明。雌雄同株。孢蒴直立，卵形，蒴齿披针形。蒴盖具长喙。蒴帽钟形，基部具裂片，包覆至孢蒴中下部。保护区内收集的样本中暂未见成熟孢子体。缩叶藓属植物配子体肉眼下形似丛藓科种类，若有成熟孢子体则可通过蒴齿及蒴帽形态与之区别。

常小丛簇生于山地岩面上，保护区内见于飞龙桥便道附近。分布于东亚，我国南方地区多省区可见。

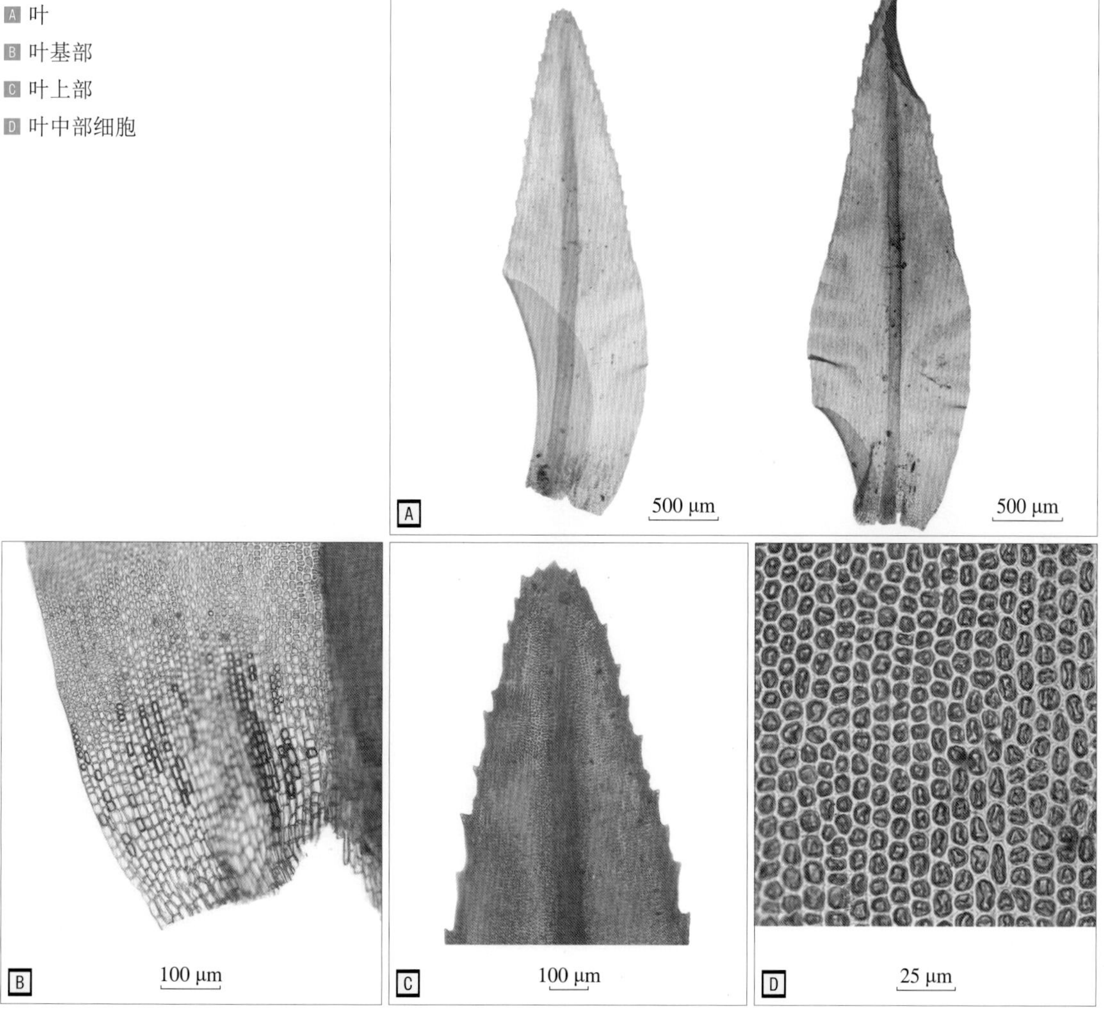

A 叶
B 叶基部
C 叶上部
D 叶中部细胞

6. 牛毛藓科 Ditrichaceae

(1) 黄牛毛藓 *Ditrichum pallidum* (Hedw.) Hamp.

采集号｜cblzd2021041，cblzd2021301，CBLXH0359

植物体毛状丛生，连叶高0.5～1 cm，黄绿色至浅绿色，微具光泽。茎常单一。叶密生，呈簇状，常向一侧弯曲，基部卵形，向上渐尖，全缘。中肋单一，基部较阔，充满叶上部，先端具齿突。叶基部及肩部近中肋细胞长方形，边缘细胞窄长，上部细胞狭长方形。雌雄同株。成熟孢子体蒴柄长可达2～5 cm，黄色至橙褐色。孢蒴长卵形，长约2 mm，略向一侧弯曲。蒴齿线状披针形，2裂至基部，表面密被细疣。蒴盖长锥形，略喙状。蒴帽兜形。本种在无孢子体时易与小曲尾藓属一些种类混淆，但繁殖期可凭借孢蒴及蒴齿形态与之区分。

常生于郊野和山地相对开阔的土坡或边坡岩面薄土等受人类活动干扰的环境中，保护区内见于管理局往松树坑方向道旁边坡岩面上。主要分布于亚洲、欧洲和美洲，我国南北多省区广布。

A 野外生活照

B 孢子体特写，示不同成熟阶段

C 成熟孢子体特写，示蒴齿

（2）荷包藓 *Garckea flexuosa* (Griff.) Marg. & Nork.

采集号｜ cblzd2021297，cblzd2021236，CBLXH0375，CBLXH0377，CBLXH0408

植物体纤小，常稀疏丛生，高常为1 cm左右，黄绿色至嫩绿色。茎单一。叶干时贴生，湿润时倾立，基部叶较小而疏生，上部叶较大而密集，叶狭披针形，全缘，平展或上部内曲。中肋单一，突出叶尖。叶基部细胞呈不甚规则的狭方形，中上部细胞更狭。雌雄异株。雌苞叶大，长卵状披针形。蒴柄短，孢蒴隐于雌苞叶间，长卵圆柱形，上部往往窄于基部。蒴齿长披针形，2～3裂至基部，表面密被细疣。蒴盖短锥形，先端具短尖。蒴帽钟形，基部具裂片。本种在无孢子体时易被忽略，或与变形小曲尾藓的雄株混淆，繁殖期孢蒴隐于雌苞叶间的状态为本种非常直观的识别特征。

常生于郊野和山地相对开阔的土坡或边坡岩面薄土等受人类活动干扰的环境中，保护区内见于松树坑附近及往仙人洞村方向的道旁土坡上。分布于东亚、东南亚、大洋洲、美洲中南部及东非岛屿，我国南方地区多省区可见。

A 野外生活照，示群体
B 配子体特写
C 植株特写，示孢子体

7. 小烛藓科 Bruchiaceae

长蒴藓 *Trematodon longicollis* Michx.

采集号｜cblzd0051，cblzd2021036，CBLXH0210，CBLXH0358，CBLXH0359，CBLXH0375

植物体疏松至密集丛生，较矮小，高可达6 mm，黄绿色至嫩绿色。茎常单一。叶干时卷曲，湿润时常向一侧弯曲，叶基矩圆形至卵形，多少鞘状，向上急狭或渐狭为线形，先端略钝。中肋单一，达叶先端，但不充满叶上部。叶基细胞长方形，中上部细胞短长方形至长方形。雌雄同株。成熟蒴柄黄色至黄褐色，长度变化较大，可达3 cm。孢蒴倾立至平列，长筒形，长度变化亦较大，可达7 mm，上部有时弯曲，台部细长，鲜明，长度为壶部的2～4倍，基部具突。蒴齿单层，线状披针形，常呈鲜艳的橙红色。蒴盖锥形，具略偏斜的喙。蒴帽兜形。本种颇为常见，但在无孢子体时易被忽略，干时因叶片卷曲，肉眼下易与丛藓科种类混淆，繁殖期孢蒴特征为本种非常直观的识别特征。

常生于较开阔的新开道路边坡、绿化带裸露的土壤、沙土或岩面薄土上，保护区内见于松树坑附近道旁土坡或岩面薄土上。亚洲、美洲、非洲及大洋洲有分布，我国南北多省区广布。

A 野外生活照，示生境

B 成熟孢蒴特写

C 野外生活照，示生境及与其他种类混生的群体

8. 小曲尾藓科 Dicranellaceae

（1）南亚小曲尾藓 *Dicranella coarctata* (Müll. Hal.) Bosch & Sande Lac.

采集号｜ cblzd2021238，cblzd2021231，cblzd2021033，CBLXH0068，CBLXH0225，CBLXH0230，CBLXH0239，CBLXH0377

植物体常疏松丛生，较矮小，高约5 mm，黄绿色至深绿色。茎单一。叶多少疏生，常背仰，基部鞘状，向上急狭或渐狭为长披针形至线形，近全缘。中肋突出叶尖呈毛尖状，有时具齿突。叶细胞近长方形。雌雄异株。蒴柄黄色至黄褐色，长约1.5 cm。成熟孢蒴橙色至红褐色，卵形，较对称，近直立，干时具纵棱。蒴盖锥形，具长喙。蒴齿线状披针形，下部具纵横纹，上部具密疣。蒴帽兜形。保护区内收集于5月的样本中可见成熟孢子体。本种在无孢子体时较易与牛毛藓属种类混淆，繁殖期可通过孢蒴及蒴齿形态与之区分。

常生于道旁、林缘较开阔的砂质土表或岩面薄土上，保护区内见于管理局往松树坑方向的沿途及往黄竹山方向的沿途。分布于东亚、南亚、东南亚及大洋洲，我国南北多省区广布。

A 野外生活照，示生境及具未成熟孢子体的群体
B 具成熟孢子体的群体
C 植株特写
D 孢子体特写

（2）变形小曲尾藓 *Dicranella varia* (Hedw.) Schimp.

采集号｜ cblzd2021298，CBLXH0067，CBLXH0077，CBLXH0109，CBLXH0110，CBLXH0113

植物体常疏松丛生，较矮小，高可达8 mm（雄株可达近1 cm），黄绿色至深绿色。茎常单一。叶多少疏生，干时贴茎，湿润时倾立或向一侧弯曲，叶基较宽，向上渐狭为或长或短的三角状披针形，叶边全缘，有时先端具钝齿。中肋单一，止于叶先端。叶基细胞短矩形，上部细胞狭长方形或圆角线形。雌雄异株。繁殖期常可观察到雄株，雄株先端精子器聚生于雄苞内，形成球状结构。蒴柄长可达1.5 cm。孢蒴短卵形，成熟时红褐色。蒴齿披针形，基部具纵列细疣，上部具疣。蒴盖锥形具喙。保护区内收集于5月的样本中可见雄株。本种为属内较为常见的种类。

常与小曲尾藓属其他种类、长蒴藓，以及牛毛藓属的一些种类混生于类似生境，保护区内见于管理局往松树坑方向沿途的道旁边坡土表或岩面薄土上，以及三家村附近的菜地内。主要分布于欧亚大陆，我国南北多省区可见。

A 野外生活照，示群体

B 雄株群体

C 雄株特写

9. 曲尾藓科 Dicranaceae

(1) 脆叶锦叶藓 *Dicranum psathyrum* Klazenga

采集号 | cblzd2021358

植物体较小，高1～2（3）cm，具光泽。茎直立或倾立，分枝或稀不分枝。叶从宽的基部向上呈披针形，上部易折断，边平直，中上部有明显粗齿，下部边缘有1～2（3）列透明狭长细胞。中肋粗，达叶尖突出，背面有齿。叶细胞方形或短长方形，近基部变狭长。角细胞突出呈耳状，壁厚。

喜生于树干基部或腐木上，偶见于岩面腐殖质上，保护区内见于企岭下顶海拔近1 200 m处。分布于南亚和东南亚，我国主要见于西藏、四川、贵州、云南、湖南、安徽、浙江、福建、广西、广西、海南等地。

A 植物体形态
B 叶形
C 叶基部特写
D 叶中下部细胞

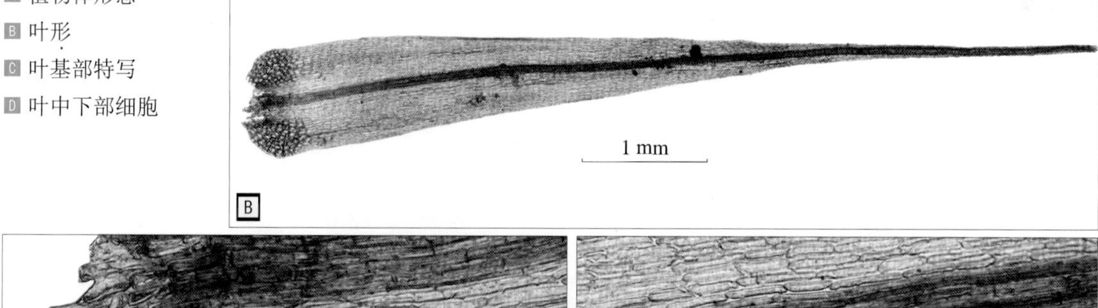

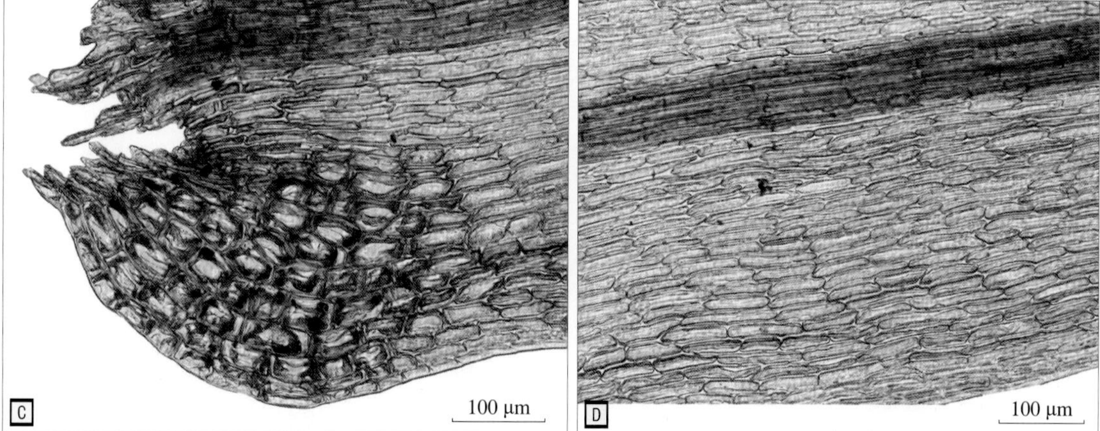

（2）密叶苞领藓 *Holomitrium densifolium* (Wilson) Wijk & Margad.

采集号｜ CBLXH0404

植物体密集丛生，小垫状，绿色或黄绿色，无光泽。茎高2 cm，具短横茎，上部倾立或直立，叉状分枝。叶干时卷曲，基部叶较小，向上渐变大，长达3 mm，基部鞘状，长椭圆形，渐呈长叶尖，叶边平直全缘。中肋基部褐色，上部色淡，达于叶尖终止。叶基部细胞长方形，壁薄。中上部细胞形状不规则，壁厚。

喜生于林下树干基部或石头上，保护区内见于企岭下顶。分布于东亚和东南亚，我国主要见于南方地区。

A 野外生活照
B 叶形
C 叶尖
D 叶中下部细胞
E 叶基部细胞
F 叶基部横切面

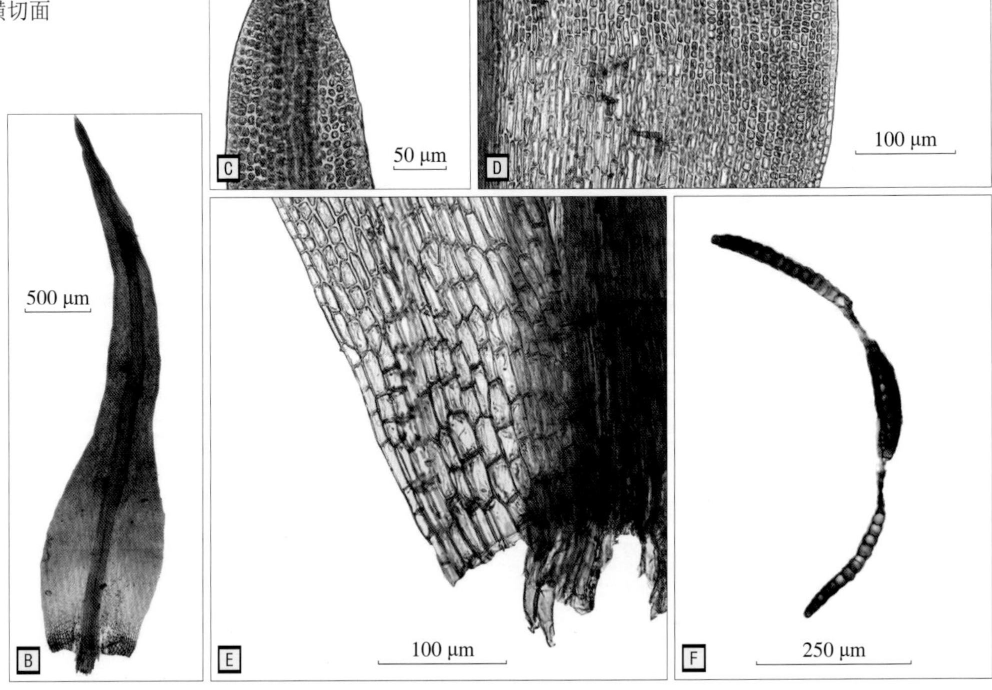

（3）疣肋拟白发藓 *Paraleucobryum schwarzii* (Schimp.) C. Gao & Vitt

采集号｜ cblzd2021360

植物体丛生，细长，黄绿色或灰绿色，具光泽，高2～8 cm。茎直立或倾立，单一或具叉状分枝。叶直立，湿时伸展倾立，长4～7 mm，基部宽，向上渐呈狭披针形，内卷呈管状，叶尖不为白毛尖。中肋宽，占基部的3/4，横切面无厚壁层，腹面单层薄壁大细胞，背面2～3层稍厚壁的大细胞，背面细胞粗糙突出。角细胞薄壁六边形，红褐色，突出呈耳形。

喜生于林下泥土或岩面薄土上，保护区内见于企岭下顶海拔近1 200 m处。北半球广布，我国分布于除西北地区外的多个省区。

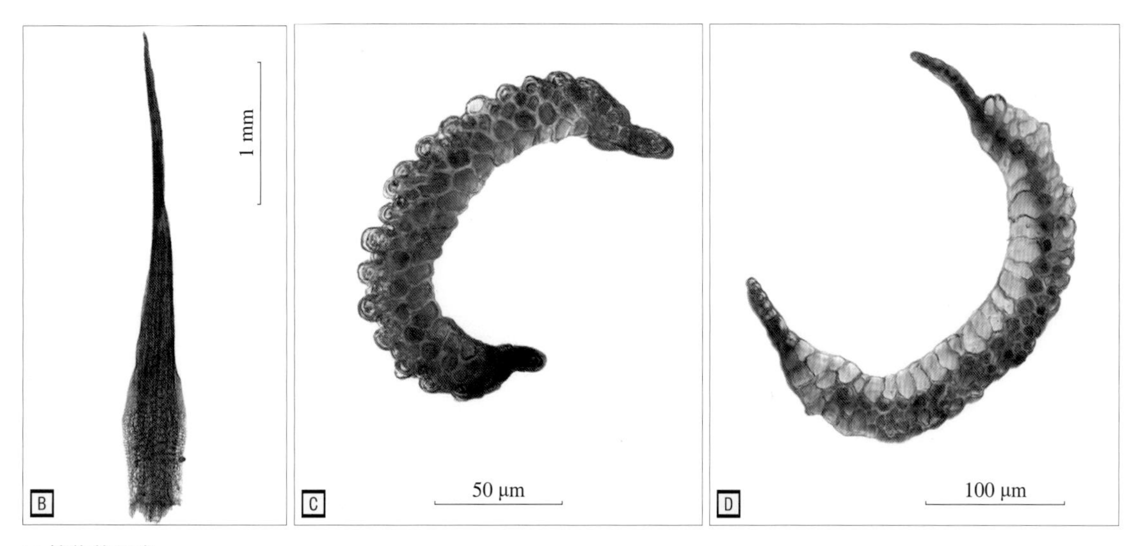

A 植物体形态
B 叶形
C 叶上部横切面
D 叶下部横切面

10. 白发藓科 Leucobryaceae

（1）白氏藓 *Brothera leana* (Sull.) Müll. Hal.

采集号｜ CBLXH0396，CBLXH0515

植物体纤细，密集丛生，连叶高5 mm左右，灰绿色，具光泽。叶长披针形，常不及4 mm。中肋阔且强劲，占叶基部的1/3～1/2，达叶先端突出，横切面具3层细胞。雌雄异株。植株先端常密集簇生芽叶，此为本种非常直观的识别特征，但保护区内观察到的植株上芽叶相对较少。保护区内收集的样本中暂未见孢子体。

常生于山区林地的腐木和树干下部，保护区内见于企岭下村往长坑顶（尖峰崀）途中，以及去往坳背坑途中。分布于东亚和北美洲，我国东部季风区及青藏地区多省区可见。

A 野外生境照
B 配子体特写，可见簇生于植株先端的芽叶
C 叶
D 芽孢

（2）中华曲柄藓 *Campylopus sinensis* (Müll. Hal.) J. -P. Frahm

采集号｜cblzd2021353

植物体密集丛生，上部多呈黄绿色，具光泽，连叶高可达3 cm。叶干时平贴，湿时倾立，上部叶长于基部叶，可达1 cm。叶狭披针形，先端细长，近于全缘。中肋强劲，占叶宽度的1/2～3/4，突出叶尖，横切面可见背部的厚壁细胞及腹面具坚实细胞壁的透明细胞。叶基部细胞矩形，壁厚，角区细胞膨大，有时呈红褐色。保护区内收集的样本中暂未见孢子体。

常生于山地林区岩面或土面，也可出现于较为开阔的地带。保护区内见于张都坑。亚洲、美洲、澳洲及太平洋岛屿有分布，我国东部季风区多省区可见。

A 群体
B 配子体特写
C 叶
D 叶中部横切

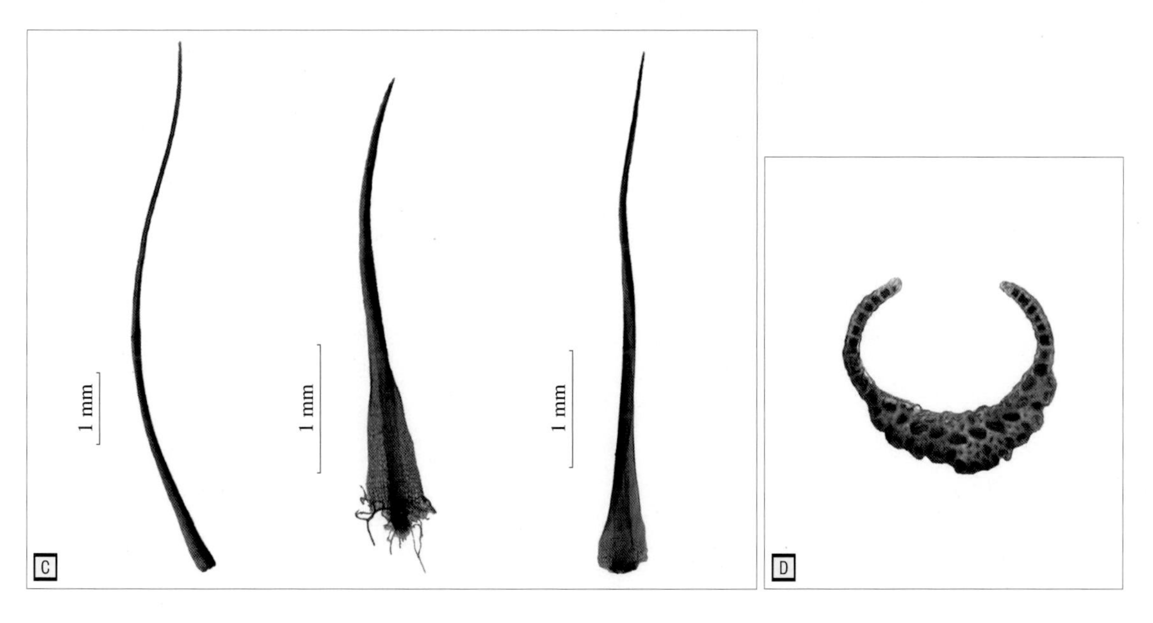

（3）节茎曲柄藓 *Campylopus umbellatus* (Arn.) Paris

采集号｜ cblzd0088，cblzd2021091，CBLXH0122，CBLXH0394

植物体粗壮、硬挺，常密集丛生，多年生植株呈多层状，高度变化幅度大，常为2～4 cm，可达5 cm以上，上部黄绿色至绿色，下部黑绿色至近黑色，略具光泽。茎直立。叶密生，干时贴茎，湿润时倾立，长卵状披针形，中下部最宽。中肋粗壮，占叶基的1/3～1/2，常突出叶尖形成透明毛尖，背部中上部具高2～4个细胞的多列栉片，横截面可见背腹面均有厚壁层，叶边全缘，中上部常内卷。叶基细胞长方形，中上部细胞纺锤形或短线形，壁厚。角区界限分明，常多少凸出，细胞大型，壁薄。雌雄异株。生育枝先端常簇生叶，外观芽状，一个雌苞中可伸出数个孢子体。蒴柄不及1 cm，鹅颈状弯曲。孢蒴卵形，下垂。蒴盖具短喙。蒴帽兜形，基部边缘裂片具璎珞状纤毛。本种为曲柄藓属内最易辨认的种类，典型状态下肉眼可见其多年生的多层植株，以及叶先端的白毛尖和中肋背部的栉片。

常生于林缘或道旁边坡上的土表、大型岩面或岩面薄土上，保护区内见于三家村附近河流上的木桥表面，以及企岭下村往长坑顶（尖峰崀）途中林地岩面上。分布于东亚、东南亚、南亚、大洋洲及太平洋岛屿，我国东部季风区及青藏地区多省区可见。

A 野外生活照，示配子体干燥状态

B 野外生活照，示配子体湿润状态

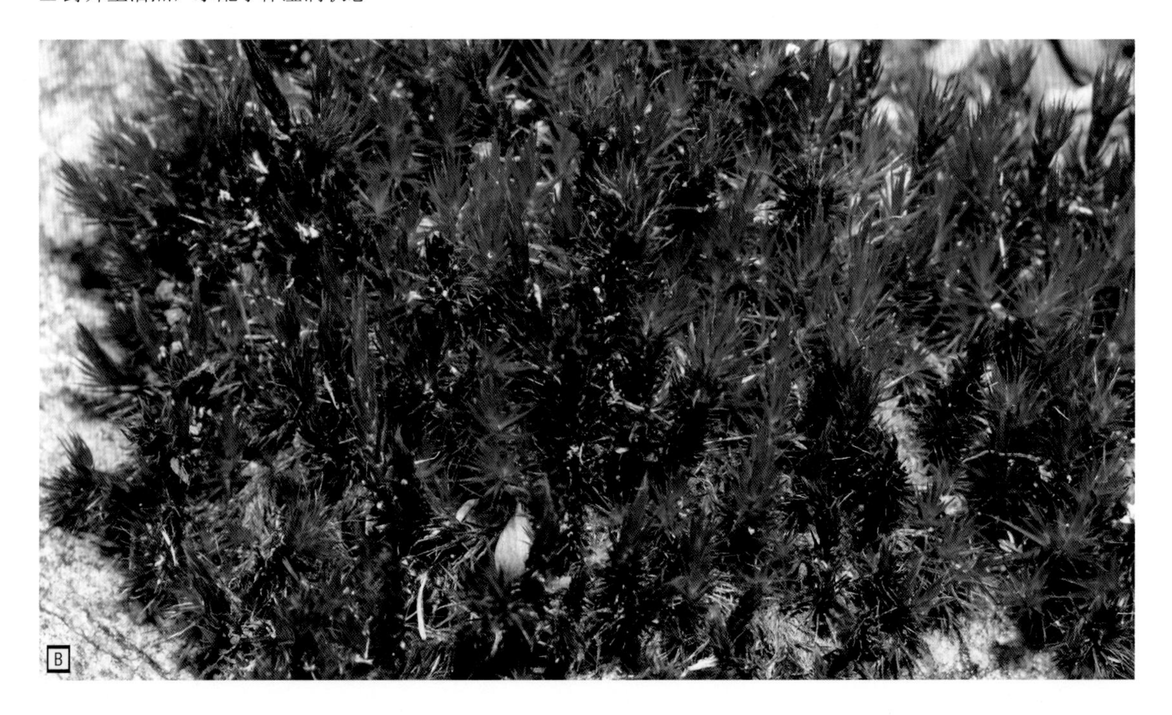

（4）粗叶白发藓 *Leucobryum boninense* Sull. & Lesq.

采集号｜ cblzd2021335，cblzd2021263，cblzd2021270，cblzd2021102，cblzd0070，cblzd2021118，cblzd2021120，CBLXH0229，CBLXH0245

植物体略粗壮，簇生为密集的垫丛，连叶高常为1～2 cm，有记载可达5 cm，干时呈灰白绿色，无光泽，湿时呈浅绿色。茎横切面中轴不分化。叶干燥或湿润时均直展或略呈镰刀状弯曲，狭披针形至阔披针形，长可达约7 mm，上部狭长近管状，背面中上部（自上而下约占叶全长的3/5）细胞具前角疣突。中肋占据叶片绝大部分，叶近基部横切面可见中部两边的背腹双侧各有2～3层白色细胞。雌雄异株。保护区内收集的样本中暂未见孢子体。植物体干燥时的外观及叶的状态是白发藓属较为直观的识别特征之一。

常生于山区林地的腐木和岩面上，保护区内见于企岭下检查站往司前镇途中和黄竹山矿山附近山道旁的岩面上。东亚有分布，我国南方地区多省区可见。

野外生活照，示湿润状态下的配子体

（5）狭叶白发藓 *Leucobryum bowringii* Mitt.

采集号｜ cblzd2021348，cblzd2021265，cblzd2021314，cblzd0058，cblzd2021004，cblzd2021052，cblzd2021158，CBLXH0051，CBLXH0052，CBLXH0096，CBLXH0125，CBLXH0146，CBLXH0157，CBLXH0228，CBLXH0244，CBLXH0325，CBLXH0419

植物体较纤细，群集簇生，连叶高常为1 cm，有记载可达6 cm，干时呈灰白绿色或灰白黄绿色，具鲜明光泽，湿时呈浅绿色。茎横切面中轴分化。叶干时上部常扭曲，湿润时斜展，披针形至狭线状披针形，长可达1 cm左右，基部长椭圆形，上部狭长近管状，背部细胞平滑，仅在尖部略粗糙。中肋占据叶片绝大部分，叶近基部横切面可见在中部两边的背腹双侧各有1～2（3）层白色细胞。雌雄异株，雄株二型，具着生于雌株上的矮雄株。偶见孢子体，蒴柄长1～2 cm，孢蒴平列至下垂，卵形至短柱状。保护区内收集于5月的样本中可见成熟孢子体。植物体干时具光泽、叶上部扭曲为本种较为直观的识别特征。

常生于山区林地土表、腐殖质、岩面、大树基部及腐木上，保护区内多见于管理局往三角塘及松树坑方向的沿途，野猪窝、火龙径、细坝横坑口、黄竹山矿山、单竹坑和仙人洞村附近的阔叶林下及林缘小径旁均有分布。主要分布于东亚、南亚、东南亚及太平洋岛屿，我国南方地区及青藏地区多省区可见。

白发藓科

A 野外生境照
B 野外生活照，示湿润状态下的配子体
C 野外生活照，示干燥状态下的配子体
D 植株特写，示孢子体

（6）爪哇白发藓 *Leucobryum javense* (Brid.) Mitt.

采集号｜cblzd2021283，cblzd2021098，cblzd2021117，cblzd2021102，CBLXH0233，CBLXH0386，CBLXH0389，CBLXH0397

植物体大型，粗壮，常小群稀疏簇生，连叶高常为3～5 cm，有记载可达8 cm，干时常呈灰白绿色，无光泽。茎横切面中轴不分化。叶干燥或湿润时均斜展，多少向一侧呈镰刀状弯曲，有时上部扭转，长可达1.5 cm以上，披针形至狭披针形，先端锐尖或钝凸尖，背面上部（自上而下约占叶全长的1/3）细胞先端具疣状突起。中肋占据叶片绝大部分，叶近基部横切面可见背腹双侧最阔处各有3～4层白色细胞。雌雄异株，雄株为矮雄株。保护区内收集的样本中暂未见孢子体。本种为保护区内最为大型的白发藓，常可肉眼识别。

常生于山区林地湿润的腐殖质、土表和岩面上，保护区内见于黄竹山矿山附近、企岭下村往长坑顶（尖峰崀）方向的途中，在海拔较高处更为多见。分布于东亚、南亚、东南亚、大洋洲、美洲中部及东非岛屿，我国南方地区多省区可见。

A 野外生活照，示湿润状态下的配子体

B 野外生活照，示干燥状态下的配子体

C 配子体局部，示叶背部细胞先端的疣状突起

（7）桧叶白发藓 *Leucobryum juniperoideum* (Brid.) Müll. Hal.

采集号｜ cblzd2021271，cblzd2021299，cblzd2021092，cblzd2021185，cblzd2021116，cblzd0139，cblzd2021214，CBLXH0392

植物体中小型，常密集簇生为丘状或垫状，连叶高可达3.5 cm左右，干时常灰白色，湿润时呈浅绿色，无光泽。茎横切面中轴不分化。叶干燥或湿润时均直展，长可达1.3 mm，披针形，先端锐尖或凸尖，背部细胞平滑，先端有时略粗糙。中肋占据叶片绝大部分，叶近基部横切面可见腹面最阔处有2～4层白色细胞，背面最阔处3～4层。雌雄异株，雄株二型。保护区内收集的样本中暂未见孢子体。本种因其非常规整美观的群体外形，曾常用于园艺造景，现为国家二级重点保护野生植物。

常生于山区林地土面、岩面及树基上，保护区内见于企岭下往尖峰岌途中。分布于亚洲、欧洲、美洲和非洲，我国东部季风区多省区可见。

A 配子体特写

B 野外生活照

11. 花叶藓科 Calymperaceae

（1）鞘刺网藓 *Syrrhopodon armatus* Mitt.

采集号｜cblzd2021119，CBLXH0456，CBLXH0418

植物体矮小，绿色或暗绿褐色。茎高5 mm以下。叶干时螺旋状扭转，湿时倾立。叶片长1.5～3 mm，鞘部稍阔大，上方边缘具4～8条纤毛，上部长披针形，具狭的透明分化边缘，远离叶尖消失。中肋达叶尖，背腹面均有长棘刺。叶上部绿色细胞圆方形，具单一高疣。中肋顶端有时具芽胞，芽胞短棒形。

喜生于树干上，保护区内见于企岭下村。热带地区广布，我国四川、云南、广东、海南、香港、澳门和台湾可见。

A 野外生活照
B 叶
C 叶背部先端
D 叶中下部边缘

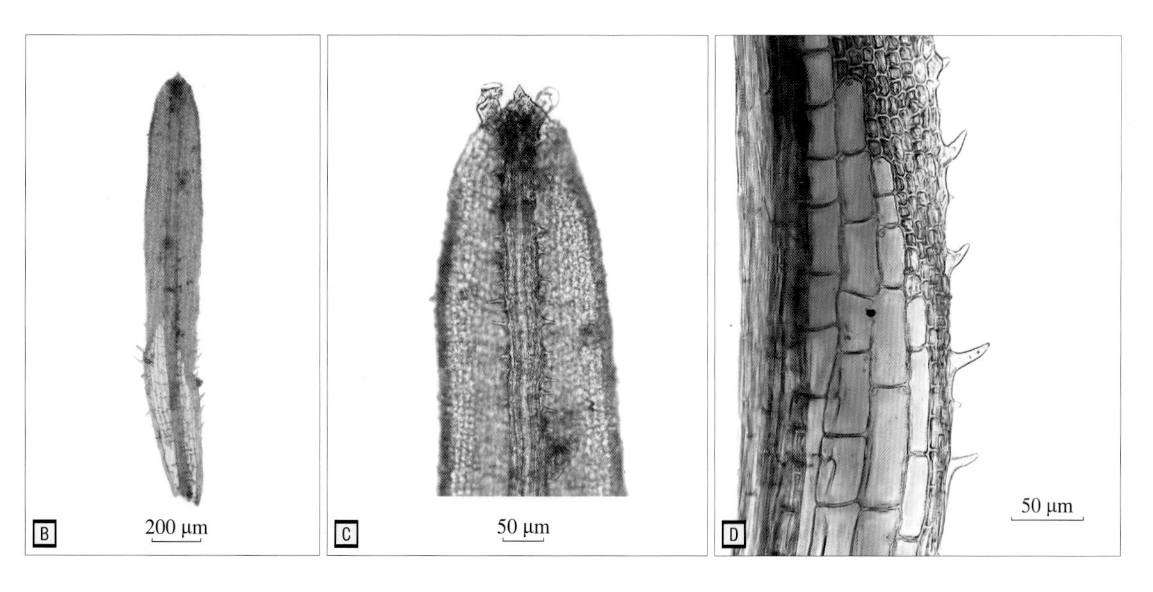

（2）日本网藓 *Syrrhopodon japonicus* (Besch.) Broth.

采集号｜cblzd2021337，cblzd2021346，cblzd2021347，cblzd2021090，cblzd2021336

植物体较粗壮，群集丛生，黄绿色至墨绿色。茎高3～4 cm，基部密被棕色假根。叶多列，干燥时卷曲，湿时伸展，叶长0.5～1 cm，鞘部长倒卵形，为叶片长度的1/8～1/6，鞘部边缘细胞单层，具小锯齿，上部狭长线形，边缘由多层细胞构成，具对齿。中肋粗壮，腹面中部具小疣，上部具粗疣，叶绿色细胞近方形，背面具低矮小疣，腹面具乳头突，网状细胞逐渐嵌入绿色细胞中，界限不明显。本种较粗大，区别于同属其他种。

喜生于树干或石壁上，保护区内见于张都坑和饭池嶂一带。我国南方地区广泛分布。

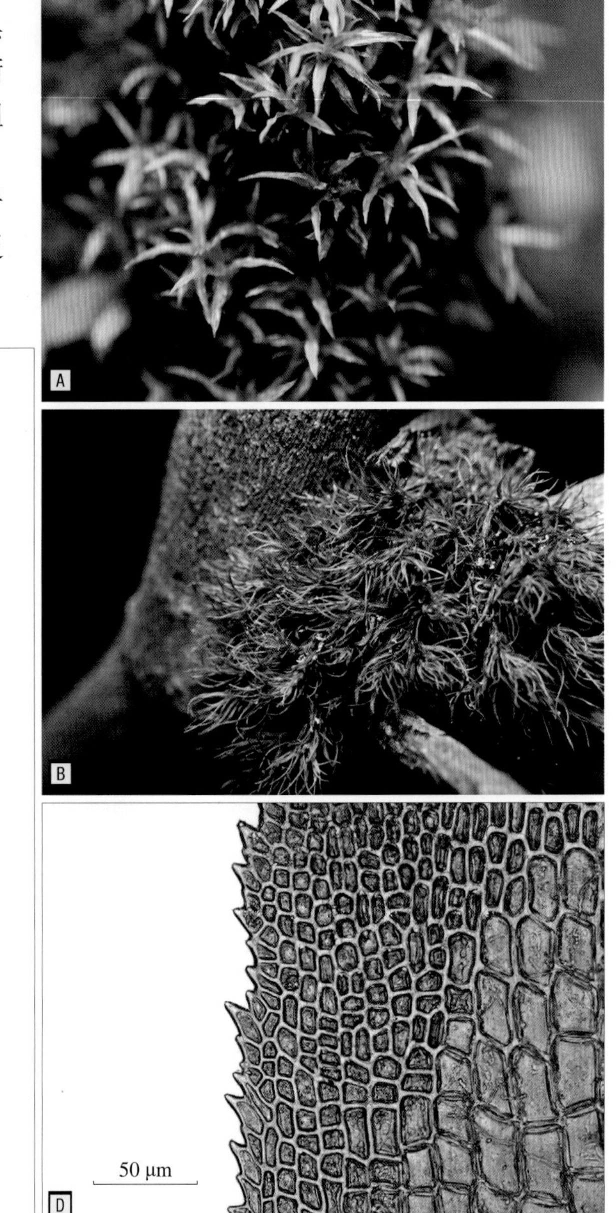

A 野外生境照（1）
B 野外生境照（2）
C 叶形
D 叶鞘部边缘细胞

（3）拟网藓 *Syrrhopodon parasiticus* (Sw. ex Brid.) Besch.

采集号｜CBLXH0356，CBLXH0378，CBLXH0448

植物体黄绿色。茎常单一，高约1.5 cm，基部密生褐色假根。叶片干时紧贴，尖端扭曲，湿时伸展，龙骨状内凹，长3～4 mm，由椭圆形基部逐渐延长成披针状，叶边全缘，具1～3列狭长透明细胞构成的分化边缘，分化边缘消失于近顶部，上部边缘强烈内卷，尖端具微齿。叶片绿色细胞具单疣。中肋粗壮，及顶或稍突出。线形芽胞着生于叶片中部中肋的腹面。

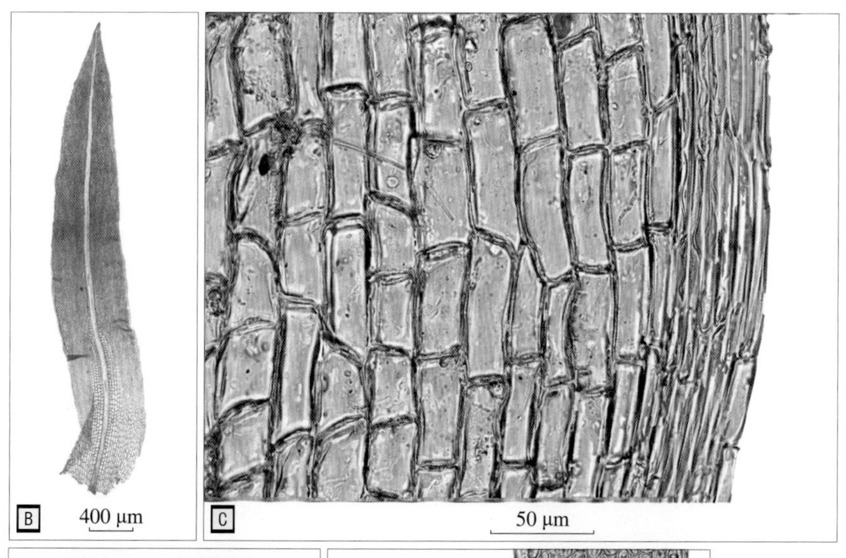

喜生于林下树干上，保护区内见于松树坑和三角塘自然教育径。分布于东南亚、美洲热带地区和大洋洲，我国海南和云南有记录。

A 野外生活照
B 叶形
C 叶基部细胞
D 叶鞘部细胞
E 叶中上部边缘放大
F 线形芽胞

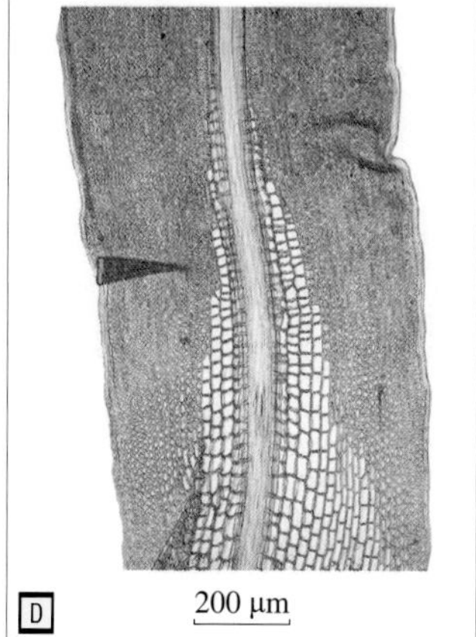

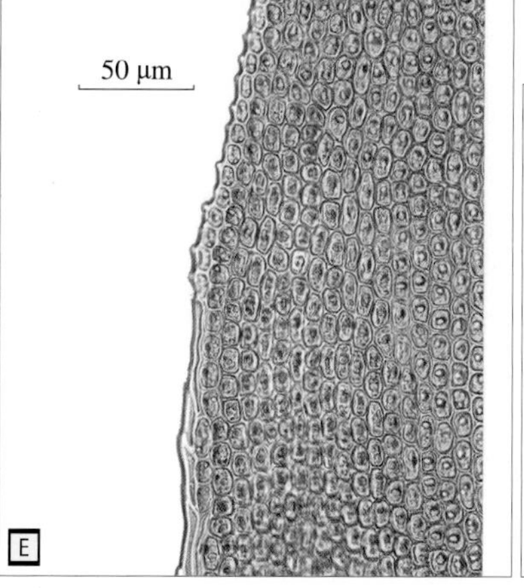

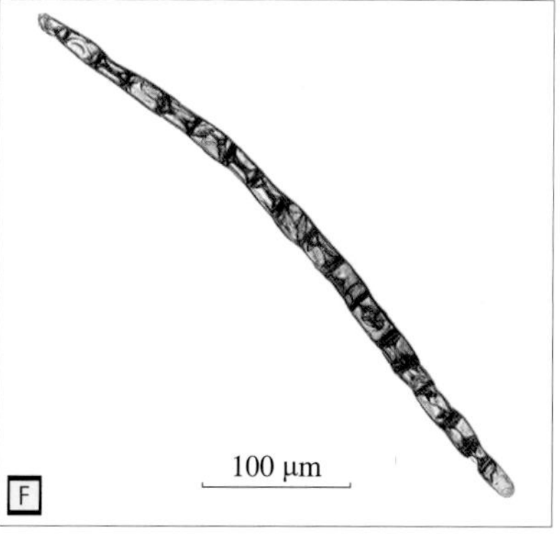

花叶藓科

（4）巴西网藓鞘齿变种 *Syrrhopodon prolifer* var. *tosaensis* (Cardot.) Orhán & W. D. Reese

采集号｜ cblzd2021006，cblzd2021132，cblzd2021268

植物体细小，高3～5 mm，从生或稀疏生长，灰绿色至黄绿色。叶长线形，长3 mm，基部稍宽，先端渐尖，叶干时扭曲，湿时略呈镰刀状弯曲。叶具狭长透明细胞构成的分化边，近全缘，仅尖端有时具齿，鞘部有细锐齿，有时具大齿或纤毛，上部叶细胞透明，近方形，腹面具分叉多疣。芽胞常见，着生于叶先端腹面。

喜生于树基、树干腐木或岩面、土坡上，保护区内见于鹿子洞和企岭下村。分布于中国和日本，我国主要见于长江以南地区。

A 野外生活照

B 局部放大，示芽胞生于叶先端

12. 凤尾藓科 Fissidentaceae

(1) 拟透明凤尾藓 *Fissidens bogoriensis* M. Fleisch.

采集号｜CBLXH0212

植物体微小，绿色至暗绿色。茎极短，常不分枝，连叶高不及2.5 mm。叶密生，常为2～6对，上部叶远大于基部叶，上部叶卵状披针形至披针形，先端急尖至锐尖，鞘部为叶长的2/5～1/2，中肋常消失于远离叶尖处，叶边近全缘。叶细胞大型、壁薄，不规则矩形至六边形，前翅细胞长19～44 μm，鞘部基部细胞更长。雌雄同株。雄枝基生，孢子体顶生。蒴柄长常不及5 mm。孢蒴常平列，略不对称。蒴盖锥形具喙。保护区内收集于7月的样本中可见孢子体。

常生于山区林下湿润土表或石面，保护区内见于管理局往松树坑方向沿途近溪流的土坡上。分布于东亚及东南亚，我国台湾有记录。

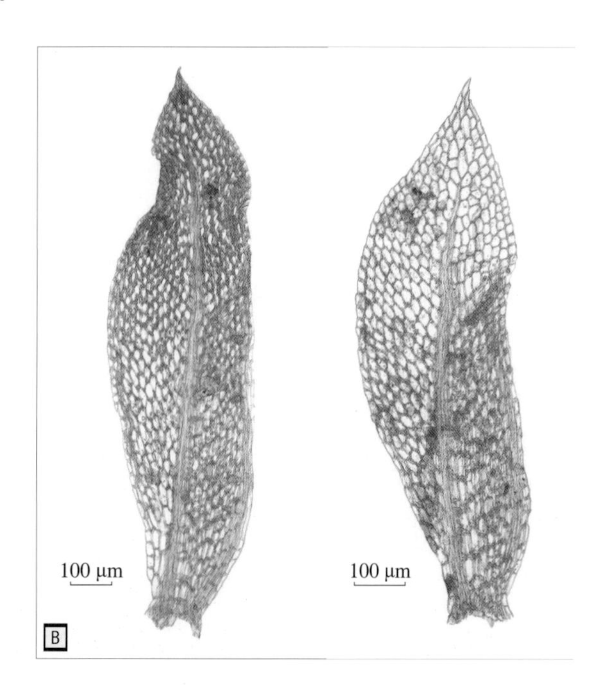

A 野外生活照
B 叶

（2）小凤尾藓 *Fissidens bryoides* Hedw.

采集号｜ cblzd2021319，cblzd2021229，CBLXH0187，CBLCH0188

植物体较微小，浅绿色。茎常不分枝，连叶高可达5 mm左右。叶不甚密集，常为4～6对，中上部叶大于基部叶，上部叶长圆状披针形，先端急尖，鞘部可达叶长的1/2～3/5，中肋及顶或消失于叶尖略下方，叶边具狭长细胞构成的鲜明分化边缘，在前翅宽1～3列细胞，在鞘部宽3～6列细胞。前翅及背翅细胞近四边形至六边形，鞘部细胞与之近似但近中肋处更大。雌雄同株。雄苞腋生。雌苞顶生。蒴柄长可达7 mm左右。孢蒴对称。蒴盖锥形具喙。保护区内收集于11月的样本中可见孢子体。

常生于山区较荫蔽湿润环境中的岩面或土表，保护区内见于细坝横坑口溪边石面。近于世界广布，北半球更为多见，我国南北多省区广布。

A 具孢子体的植株特写

B 野外生活照，示配子体

（3）东亚微形凤尾藓 *Fissidens closteri* subsp. *kiusiuensis* (Sakurai) Z. Iwats.

采集号｜CBLXH0128

植物体极为微小，疏生于基质上，嫩绿色至绿色。主茎极短，常不及1.5 mm。叶极小，常为1～4对，上部叶远大于基部叶，上部叶披针形至狭披针形，先端急尖，鞘部达叶长的2/5～1/2，中肋消失于叶尖略下方。前翅及背翅细胞不规则方形、矩形至菱形，鞘部细胞不规则矩形长于前翅、背翅细胞。雌雄同株。雄枝基生，雌苞顶生。蒴柄长可达4 mm。孢蒴直立，对称。蒴盖锥形具喙。保护区内收集于11月的样本中可见孢子体。本属肉眼几不可见，且可混生于其他小型藓类中。

生于林区较荫蔽湿润环境中的石面及土表，保护区内见于向野猪窝方向的季节性干燥的溪流石面。中国、日本有分布，我国西藏有记录。

A 野外生境照
B 植株特写
C 显微镜下的植株特写
D 植株局部，示叶形

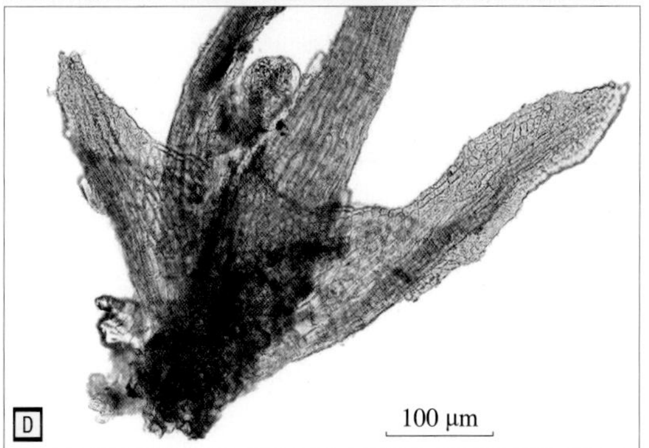

凤尾藓科

（4）黄叶凤尾藓 *Fissidens crispulus* Brid.

采集号｜cblzd2021304，cblzd2021296，cblzd0005，cblzd2021062，cblzd0136，cblzd2021021，cblzd2021328，cblzd0006，cblzd0052，cblzd2021137，cblzd2021180，cblzd2021188，CBLXH0103，CBLXH0192，CBLXH0327，CBLXH0471，CBLXH0498

植物体较小型，常成片丛集生长，黄绿色至绿色，干时叶先端常多少卷曲。单一或具分枝，连叶高常为0.5～1 cm，腋生透明结节常明显。叶常为10余对，有时多达20余对，中上部叶大于基部叶，中上部叶披针形至狭披针形，先端阔急尖，鞘部长达叶的1/2～3/5，中肋及顶或止于先端下方数个细胞，叶缘常具细圆齿。前翅及背翅细胞圆角四边形至六边形，具乳突，不甚透明，鞘部细胞与之近似。雌雄异株。孢子体顶生，蒴柄长可达4 mm左右。孢蒴对称。蒴盖锥形具喙。保护区内收集的样本中暂未见孢子体。

常生于林区岩面或土表，也见于有人类活动影响的区域，保护区内见于管理局往松树坑方向的沿途、单竹坑、单竹坑口及企岭下村。东亚、南亚、东南亚、大洋洲、非洲及北美洲有分布，我国东部季风区多省区可见。

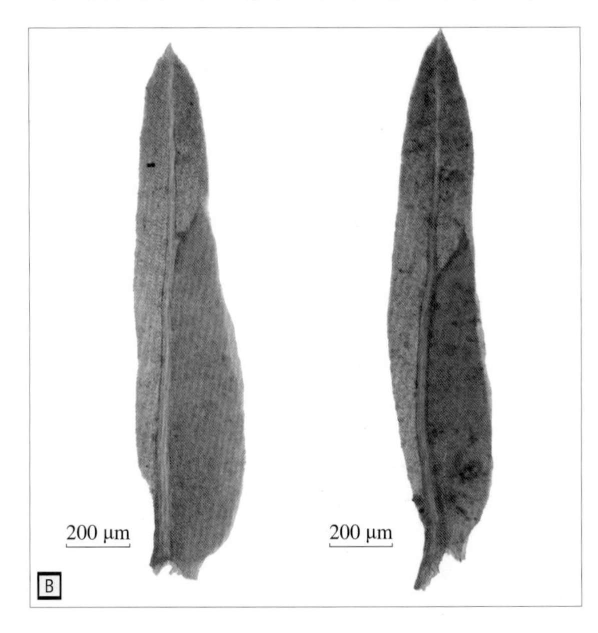

A 野外生活照
B 叶

（5）二形凤尾藓 *Fissidens geminiflorus* Dozy & Molk.

采集号｜ CBLXH0194，CBLXH0269

植物体中等至较大型，常小群丛集生长，绿色至浓绿色。茎常单一，连叶高可达4 cm左右，宽可达3 mm，略有腋生透明结节。叶10余对至50余对，排列较疏松，下部叶常腐烂损毁，中上部叶披针形至狭披针形，先端急尖，背翅基部楔形，常明显下延，鞘部达叶长的1/2～2/3，中肋及顶，两侧各具1列较大且相对透明的方形至长方形细胞。前翅及背翅细胞圆角方形至六边形，壁厚，不透明，具乳突，鞘部细胞与之相似，但更大、壁更厚，乳突则不明显。靠近中肋处的叶细胞可大于1层。雌雄异株。保护区内收集的样本中暂未见孢子体。

常生于阔叶林下较为荫蔽湿润的石面，保护区内见于单竹坑口和横坑角（企岭下检查站附近）。分布于东亚及东南亚，我国主要见于东部季风区及青藏地区。

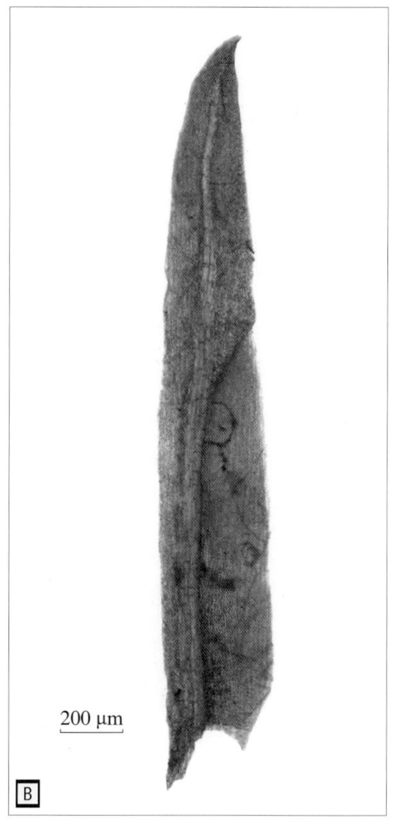

A 野外生活照
B 叶

（6）粗柄凤尾藓 *Fissidens crassipes* Wilson ex Bruch & Schimp.

采集号｜ cblzd0089

植物体较小型，深绿色。茎单一或分枝，连叶高10～20 mm，无腋生透明结节。叶较密生，可达15对，中上部叶大于基部叶，中上部叶常披针形，急尖或渐尖，背翅基部楔形，鞘部长达叶的1/2～2/3，中肋黄褐色，长达叶尖，叶除先端附近具细齿外，其余全缘。叶边具狭长细胞构成的鲜明分化边缘，分化边缘不达叶尖且在背翅基部消失或仅由1列细胞构成。前翅及背翅细胞不规则方形至六边形。雌雄同株。孢子体顶生，蒴柄长可达5～10 mm。孢蒴直立，对称，台部明显。蒴盖具斜喙状尖。

常生于林地沟谷湿润岩面上，保护区内见于管理局往车八岭方向的溪边石上。主要分布于欧洲、东亚、北非，北美洲，澳大利亚有记录，我国贵州、辽宁、吉林、河北和北京等地有记录。

野外生活照

（7）广东凤尾藓 *Fissidens guangdongensis* Z. Iwats. & Z. H. Li

采集号｜ cblzd2021133，CBLXH0401，CBLXH0402

植物体较微小，稀疏丛集生长，浅绿色、绿色至红褐色。茎单一，连叶高不及5 mm，无腋生透明结节。叶常疏生，常为4～10对，中上部叶远大于基部叶，长圆状披针形至披针形，急尖，鞘部长为叶长的1/3～1/2，不甚对称。中肋粗壮，消失于远离叶尖处，先端有时短分叉，叶缘近全缘。前翅及背翅细胞近圆形、椭圆形至近方形，壁厚，平滑或略具乳突，中央常具核状透明点，鞘部细胞与之近似但近中肋处更大。雌苞顶生。保护区内收集的样本中暂未见孢子体。

常生于林地土表、腐木及树根上，保护区内见于企岭下村至长坑顶（尖峰崀）途中岩壁边土面。分布于中国和日本，我国浙江、湖南、广东、海南、贵州和香港等省区可见。

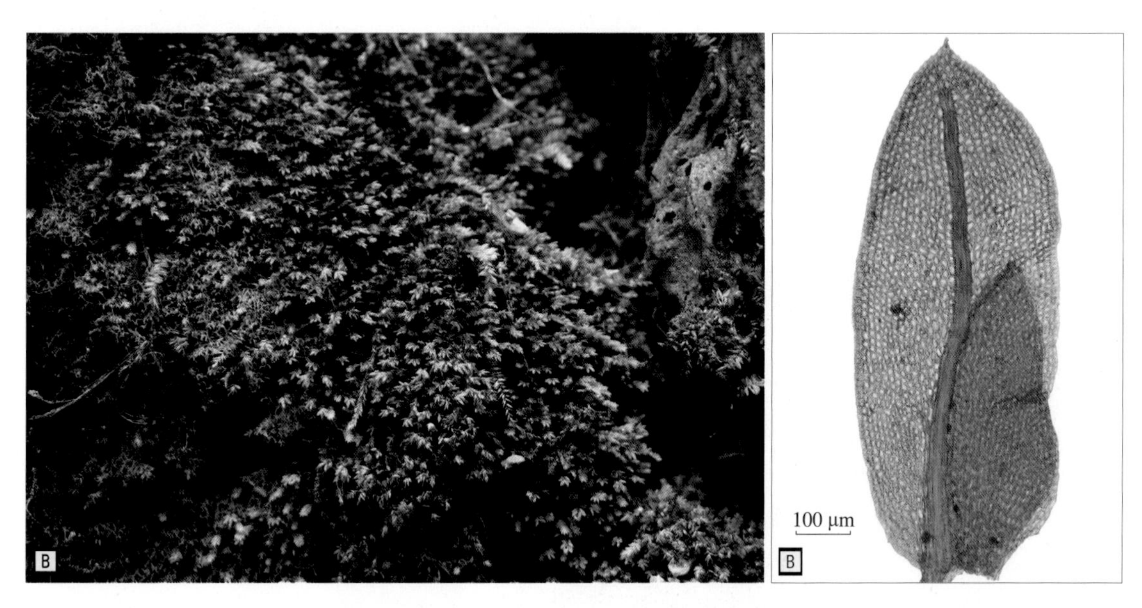

A 配子体特写

B 野外生活照，示生境和群体

C 叶

（8）裸萼凤尾藓 *Fissidens gymnogynus* Besch.

采集号｜ cblzd0148，CBLXH0243，CBLXH0246

植物体较小型至中等大小，黄绿至褐绿色。茎单一或偶分枝，连叶高0.7～1.5 cm，无腋生透明结节。叶较密生，可达20余对，干时常卷曲，中上部叶大于基部叶，中上部叶舌形至披针形，先端急尖或具小短尖，鞘部可达叶长的1/2～3/5，不甚对称。中肋常止于叶尖下方数个细胞，叶缘略具锯齿或细圆齿。前翅及背翅细胞近六边形或圆角六边形，不甚透明，具乳突，鞘部细胞近六边形，壁略厚且轮廓清晰，叶尖附近有平滑、厚壁细胞形成的小块浅色区域。雌雄异株。孢子体顶生，蒴柄长约2 mm。孢蒴直立，对称。保护区内收集的样本中暂未见孢子体。

常生于林地石面、土表或树干上，保护区内见于企岭下检查站往司前镇方向沿途的湿润岩面。主要分布于东亚，我国东部季风区多省区可见。

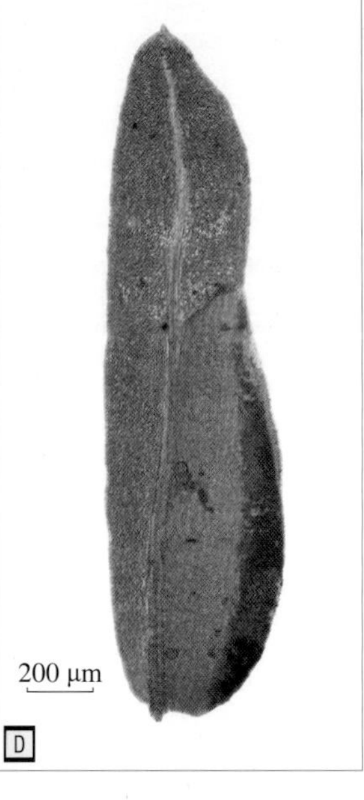

A 野外生活照
B 野外生活照，示湿润状态下的配子体
C 配子体特写
D 叶

（9）暗色线叶凤尾藓 *Fissidens linearis* var. *obscuriretis* (Broth. & Paris) I. G. Stone

采集号｜CBLXH0212，CBLXH0220，CBLXH0327

植物体较微小，绿色至深绿色。茎常单一，连叶高不及5 mm，腋生透明结节不明显。叶较密生，4～11对，中上部叶大于基部叶，中上部叶狭披针形，先端狭急尖，鞘部长约为叶长的1/2。中肋及顶至短突出，叶缘具细圆齿至锯齿。前翅及背翅细胞近方形至近六边形，不甚透明，壁薄，具多个细疣，鞘部细胞与之近似，但较大，相对壁厚且疣较少。雌雄同株。孢子体顶生，蒴柄长不及4 mm。孢蒴近直立，对称。蒴盖锥形具喙。保护区内收集于5月的样本中可见孢子体。

常生于林区较荫蔽湿润处的沙土、岩面薄土或树基上，保护区内见于管理局往松树坑方向的沿途和单竹坑。分布于东亚、新喀里多尼亚和澳大利亚，我国东部季风区数省区可见。

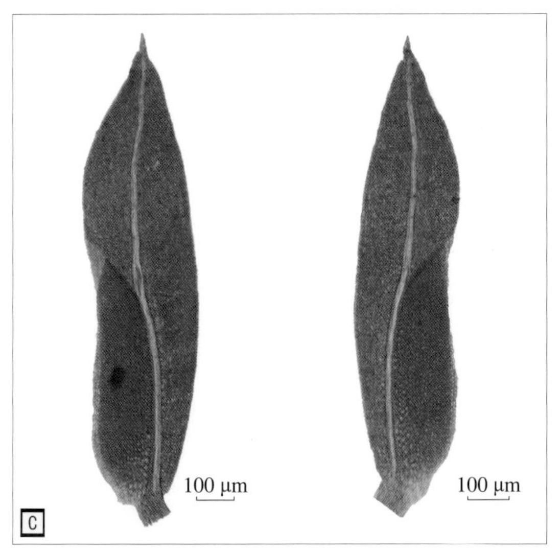

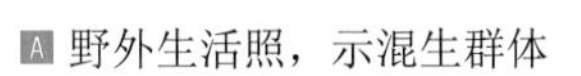

A 野外生活照，示混生群体

B 野外生活照，示湿润状态下的群体

C 叶

（10）微凤尾藓 *Fissidens minutus* Thwaites & Mitt.

采集号｜cblzd2021058，CBLXH0427

植物体较微小，疏松丛集生长，绿色。茎常单一或偶分枝，连叶高常不及5 mm，无腋生透明结节。叶较疏生，4～10对，中上部叶大于基部叶，中上部叶长椭圆形、舌形至披针形，先端圆钝、钝尖至偶急尖，鞘部达叶长的1/2～2/3。中肋消失于叶尖略下方，叶缘具细齿。前翅及背翅细胞近方形至六边形，壁薄，具细疣，鞘部细胞与之近似。由线形细胞构成的单层厚度的分化边仅见于上部叶和雌苞叶的叶鞘下部。保护区内收集于7月的样本中可见发育中的孢子体。

常生于林地较荫蔽湿润处的石面和土表，保护区内见于仙人洞村附近林下溪边湿石上。分布于东亚、南亚、东南亚、非洲和美洲，我国南方地区数省区有记录。

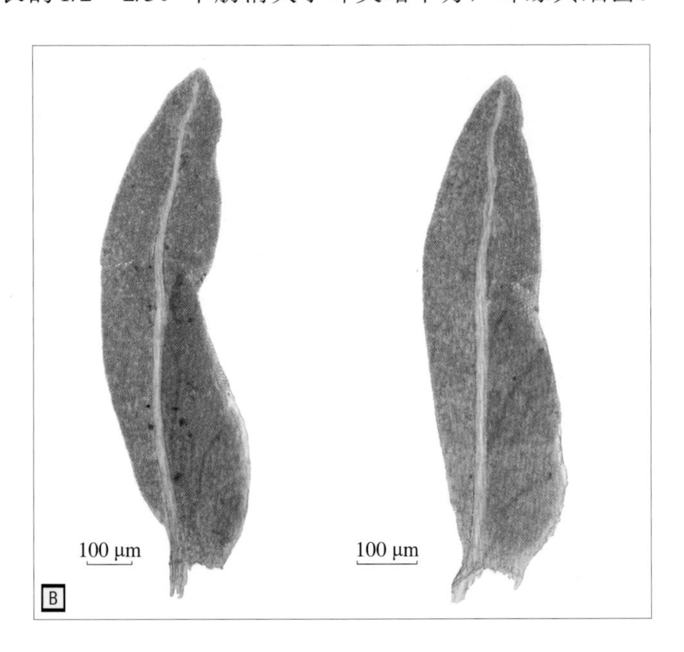

A 野外生活照

B 叶

（11）大凤尾藓 *Fissidens nobilis* Griff.

采集号｜cblzd0093，cblzd0133，cblzd0150，cblzd2021207，CBLXH0026，CBLXH0058，CBLXH0094，CBLXH0213，CBLXH0219，CBLXH0306，CBLXH0469，CBLXH0471，CBLXH0476

植物体大型，常丛集生长为小群至大片，绿色。茎常单一，高2～6 cm，连叶宽可达1 cm，无腋生透明结节。叶密生，10余对至20余对，中上部叶大于基部叶，中上部叶披针形至狭披针形，先端急尖，背翅基部略下延，鞘部长达叶长的1/2。中肋及顶，叶缘由2～3层厚壁细胞组成宽达2～5列细胞的深色边缘，中上部具不规则齿。前翅及背翅细胞近方形至六边形，壁略厚，平滑至略具乳突，鞘部细胞与之近似但近平滑。雌雄异株。孢子体腋生于茎中上部，蒴柄长可达6 mm左右。孢蒴略倾斜且不对称。保护区内收集的样本中暂未见孢子体。

多生于山区林下溪谷旁较湿润处的岩面或土表，保护区内见于三角塘自然教育径和管理局往松树坑方向的沿途。主要分布于东亚、南亚、东南亚及南太平洋岛屿，我国东部季风区多省区可见。

A 野外生活照

B 配子体特写

C 配子体特写，示湿润状态下的植株

（12）鳞叶凤尾藓 *Fissidens taxifolius* Hedw.

采集号｜CBLXH0211

植物体较小型至中等大小，较密集丛生，绿色。茎常单一，连叶高可达1.5 cm左右，无腋生透明结节。叶可达近20对，排列较紧密，中上部叶大于基部叶，中上部叶卵状披针形，先端急尖至短尖，鞘部达叶长的1/2～3/5。中肋粗壮，及顶至短突出，叶缘具齿。前翅及背翅细胞常圆角六边形，壁薄，具乳突，鞘部细胞与之类似，但壁更厚且乳突更为显著。雌雄异株。孢子体侧生，蒴柄常可达1.5 mm左右。孢蒴倾立至平列，弯曲，不对称。蒴盖锥形具喙。保护区内收集的样本中暂未见孢子体。

常生于林区较荫蔽湿润处的土表和岩面，保护区内见于管理局至松树坑途中。亚洲、欧洲、非洲、美洲和大洋洲均有分布，主要见于北半球，我国东部季风区多省区广布。

A 野外生活照

B 叶

（13）拟小凤尾藓 *Fissidens tosaensis* Broth.

采集号｜CBLXH0214，CBLXH0427

植物体较细小，稀疏丛集生长，常浅绿色至绿色。茎常单一，连叶高可达5 mm左右，腋生透明结节常不明显。中上部叶大于基部叶，中上部叶卵状披针形至长圆状披针形，先端急尖，鞘部达叶长的1/2～3/5。中肋粗壮，及顶至短突出，叶边具狭长细胞构成的分化边缘，在前翅宽1～2列细胞，在鞘部宽2～5列细胞，厚度为1～3层细胞，仅先端附近具细齿。前翅及背翅细胞近方形至六边形，壁略厚，平滑，鞘部细胞与之类似，但近中肋处更大。雌雄同株。雄器苞腋生，雌器苞多腋生，偶顶生。蒴柄长可达8 mm左右。孢蒴弯曲，不对称。蒴盖锥形具喙。保护区内收集于5月的样本中可见孢子体。

常生于林区较荫蔽湿润处的土表和岩面上，保护区内见于管理局往松树坑方向的沿途及仙人洞村附近。分布于中国和日本，我国东部季风区多省区可见。

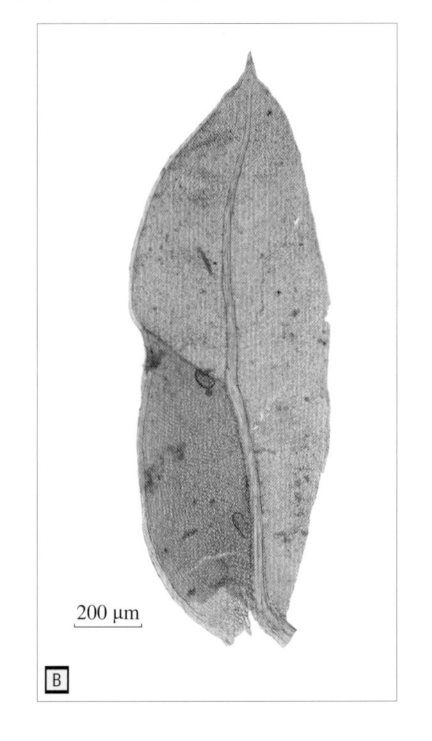

A 野外生活照
B 叶

13. 丛藓科 Pottiaceae

（1）小扭口藓 *Barbula indica* (Hook.) Spreng.

采集号｜ cblzd2021139，cblzd2021300

植物体细小，丛生。茎直立，单一不分枝。叶干时皱缩旋扭，湿时伸展，叶片长卵状舌形，先端圆钝，叶边全缘，中肋粗壮，达叶尖，背面具突出的粗疣。叶细胞壁薄，密被细疣。叶基细胞平滑透明。叶腋具多细胞构成的芽胞。

喜生于土坡、岩石或墙壁上。标本采集于保护区内企岭下村和仙人洞一带。分布于中国、印度、菲律宾和印度尼西亚，我国除西北地区外的多数省区可见。

A 野外生活照
B 叶形
C 叶中下部放大
D 芽胞

（2）尖叶对齿藓 *Didymodon constrictus* (Mitt.) K. Saito

采集号｜ cblzd2021223

植物体黄绿色带红棕色，密集丛生。茎直立，高1～2.5 cm。叶密生，卵状长披针形，先端狭长，叶边全缘，背卷，中肋粗壮，长达叶尖。叶上部细胞多角状圆形，壁稍增厚，具1至数个疣，基部细胞长方形，壁薄，透明。蒴柄红色，长约2 cm。孢蒴细长圆柱形。蒴盖圆锥形，具斜长喙尖。蒴齿长，线状，左旋。

喜生于泥土上。标本采集于保护区内松树坑地区。分布于亚洲中部和南部，我国大部分省区可见。

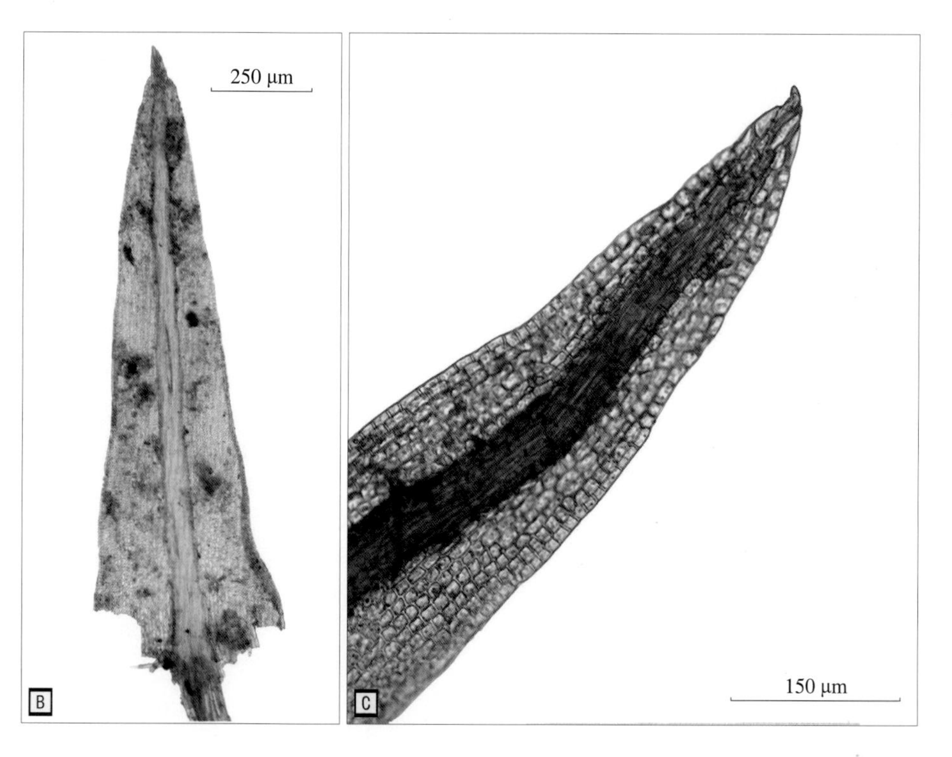

A 生活照
B 叶形
C 叶尖放大

（3）卷叶湿地藓 *Hyophila involuta* (Hook.) A. Jaeger

采集号｜ cblzd0092，cblzd2021147，CBLXH0237，CBLXH0267，CBLXH0123

植物体密集丛生，高约1.2 cm。叶干时向内卷曲，湿时伸展，叶片长椭圆状舌形，先端圆钝，具小尖头，叶边上部具明显的锯齿。中肋粗壮，长达叶尖。叶细胞3～5角状圆形，壁稍厚，腹面略具乳头状突起。孢蒴直立，长圆柱形。无蒴齿。

在墙壁、石头、土坡或草地上均可生长。保护区内见于车八岭和大坑口。亚洲、欧洲、美洲和大洋洲均有分布，我国除西北地区外的大部分省区有分布。

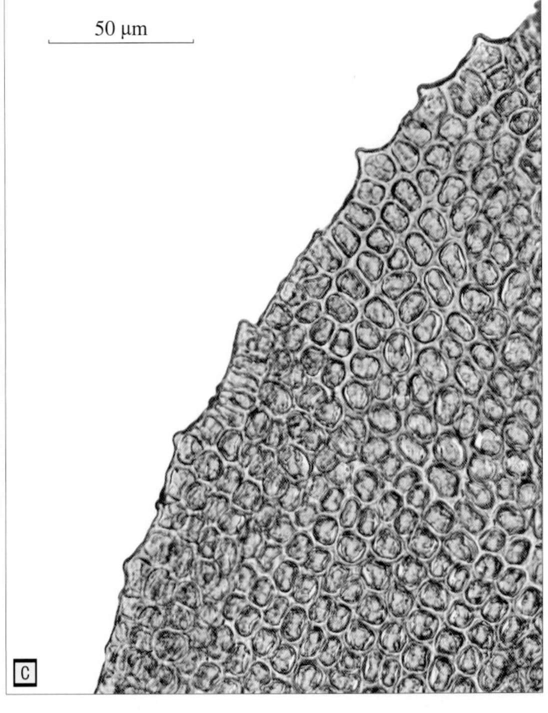

A 野外生活照

B 叶形

C 叶上部边缘，示叶边齿

（4）剑叶藓 *Scopelophila cataractae* (Mitt.) Broth.

采集号｜ cblzd2021296，cblzd2021295

植株柔软，紧密丛生，黄绿色。茎单一直立。叶长椭圆状披针形，基部狭窄，叶先端剑头形，叶边全缘，下部稍背卷，中肋细长，在叶尖稍下处消失。叶中上部细胞壁薄，平滑，基部细胞较大，壁薄，透明。孢蒴呈狭椭圆状圆柱形，蒴口小。蒴齿缺如。环带分化，蒴盖具长喙。

可生于岩石、岩面薄土或林地等基质上。保护区内见于仙人洞一带。亚洲有分布，我国大部分省区可见。

A 野外生活照

B 野外生活照局部

C 叶形

（5）卷叶毛口藓 *Trichostomum hattorianum* B. C. Tan & Z. Iwats.

采集号｜ cblzd0004，cblzd2021303，cblzd2021173

植物体密集丛生，黄绿色。茎直立，高1～1.5 cm。叶片干时螺旋状扭曲，湿时斜伸，叶片狭长披针形，基部宽，向上渐窄，叶先端具长的钻状尖头，叶边全缘，上部强烈内卷。中肋粗壮，先端突出叶尖。叶上部细胞圆方形，密被粗圆疣。叶基细胞短矩形，黄色透明。

喜生于土坡或石壁上。保护区内见于管理局附近、仙人洞和大坑口等地。中国特有种，我国主要分布于南方地区。

A 野外生活照，湿润状态
B 野外生活照，干燥状态
C 叶形
D 叶中下部细胞

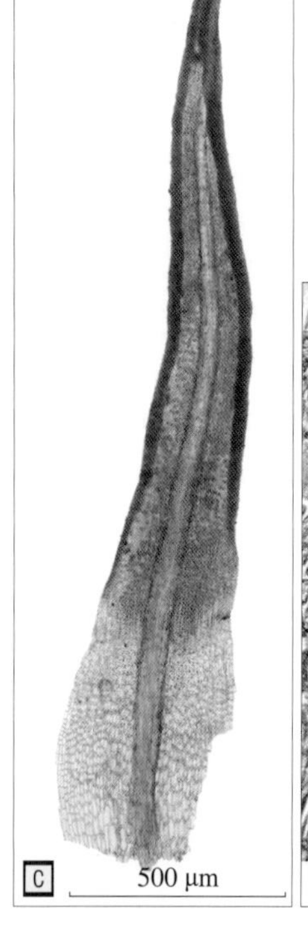

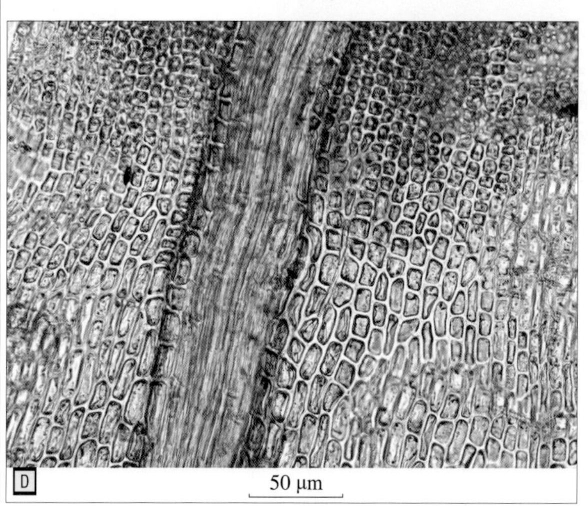

14. 珠藓科 Bartramiaceae

（1）密叶泽藓 *Philonotis hastata* Wijk & Marg.

采集号｜CBLXH0083

植物体较小型，纤柔，常密集丛生，黄绿色至嫩绿色，通常不具光泽。茎不规则分枝，连叶高可达1 cm左右，基部密被假根。叶干时贴生于茎上，不向一侧偏曲，湿时直展，卵状披针形至披针形，基部平截，最宽处在基部略上方，先端锐尖至渐尖，叶缘平展，上部具钝齿，常双齿，中肋短突出，在新生枝叶中常不及顶。叶中上部细胞近长方形，多少具前角疣状突起，基部细胞较阔，透明，近平滑。小枝状无性繁殖体生于中上部叶腋及茎先端。保护区内收集的样本中暂未见孢子体。

常生于受人类活动影响的环境中，如盆栽土表或园林装饰物上，保护区内见于管理局往松树坑方向山道边坡的潮湿岩面上。广布于东亚、南亚、东南亚、大洋洲、非洲、美洲，太平洋及大西洋岛屿、我国东部季风区及青藏地区多省区可见。

野外生活照，示配子体及无性繁殖体

（2）赖氏泽藓 *Philonotis laii* T. J. Kop.

采集号｜ cblzd2021015，cblzd0019，CBLXH0072，CBLXH0074，CBLXH0076，CBLXH0080，CBLXH0082，CBLXH0084，CBLXH0215，CBLXH0539

植物体较小型，纤柔，常密集丛生，嫩绿色至白绿色，无光泽。茎直立，不规则分枝，连叶高可达1.5 cm左右，基部假根较少。位于茎端或新生枝上的叶小于中部叶，叶干时及湿时均直展，有时略弯曲，湿时直展，三角状披针形，多少内凹，最阔处位于基部，先端锐尖，叶缘较平展，中上部具齿，中肋及顶，但位于茎端或新生枝上的小叶中较弱。叶中部细胞狭长矩形至线形，腹面具鲜明前角疣。叶基细胞短矩形至线形，具前角疣。小枝状无性繁殖体生于茎端或新生枝端，常数量较多。保护区内收集的样本中暂未见孢子体。

常生于阔叶林缘或溪流边的岩面、岩隙、岩面薄土、岸边沙土和树基等基质上，较少出现于受人类活动影响的环境中，保护区内见于管理局往松树坑方向山道边坡岩面上。东亚、南亚及东南亚多国有分布，我国湖南、云南、台湾和香港等省区可见。

A 野外生活照，示生境和群体
B 植株特写，示配子体及无性繁殖体

珠藓科

（3）细叶泽藓 *Philonotis thwaitesii* Mitt.

采集号 | cblzd2021191，CBLXH0257，CBLXH0260，CBLXH0271，CBLXH0362，CBLXH0376，CBLXH0457，CBLXH0546，CBLXH0270

植物体较小型，常密集丛生，黄绿色，略具光泽。茎直立，不规则分枝，连叶高可达1 cm左右，基部密被假根。叶干时及湿时均直展，披针形，多少龙骨状，最阔处在基部或略上方，先端锐尖，叶缘背卷至近先端，具齿，中肋突出呈短芒状，背部近先端疏具疣状齿。叶中部细胞狭长矩形至线形，腹面具鲜明前角疣。下部细胞矩形，有时具前角疣。叶基较阔，边缘至中肋间常具15列以上细胞，角区较宽，由数列短方形细胞组成，并由数列长方形细胞与中肋隔开。无性繁殖体球芽生于中上部叶腋及茎先端，数量相对较少。蒴柄成熟时红褐色，长1～2 cm。孢蒴近球形。

常生于湿润墙面、岩面，或水边的土坡及石壁上，保护区内见于管理局附近、管理局往松树坑方向的沿途和飞龙桥便道（企岭下检查站附近）附近边坡岩面及墙面上。主要分布于东亚、南亚及东南亚，我国南北多省区广布。

A 野外生活照

B 植株特写

15. 真藓科 Bryaceae

（1）毛状真藓 *Bryum apiculatum* Schwägr.

采集号｜ cblzd0053，cblzd2021035，cblzd2021174

真藓科

植物体丛生，黄绿色，多少具光泽。茎细长，多分枝，假根偶见梨形芽孢。叶长圆状披针形至披针形，顶部渐尖，叶边全缘，近尖部具小内钝齿，中肋贯顶但不突出。叶中部细胞狭菱形，边缘细胞无明显分化。孢蒴台部细长。

喜生于林地、土坡或石壁等处。保护区内见于松树坑、鹿子洞和大坑口等地。广布于热带湿润地区，我国山东、山西、西藏、云南、贵州、四川、广东和台湾等地可见。

A 野外生活照
B 叶
C 叶中部细胞

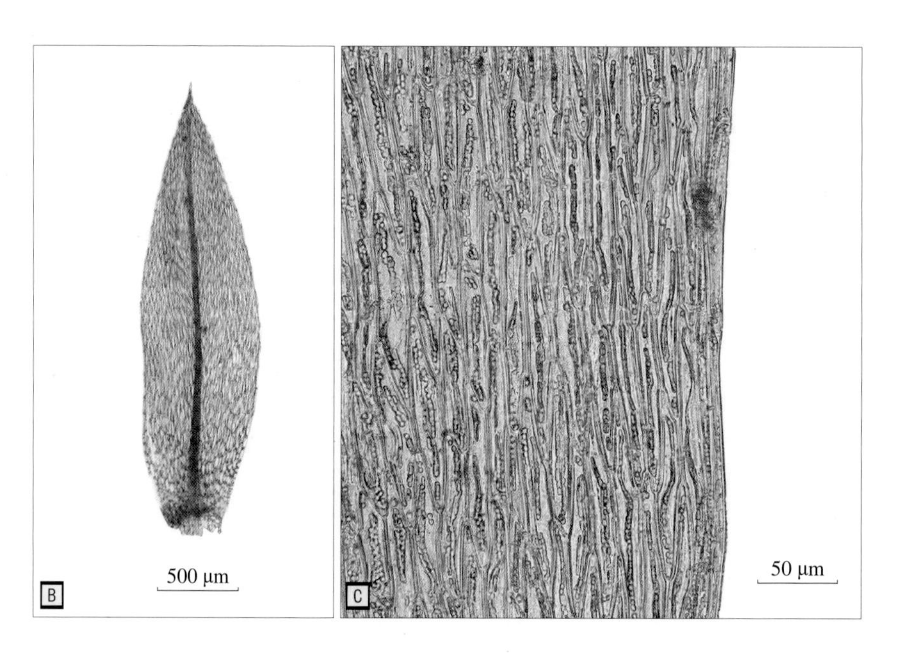

（2）真藓 *Bryum argenteum* Hedw.

采集号｜ cblzd2021226，cblzd2021254，CBLXH0383

植物体银白色至淡绿色，具光泽。叶覆瓦状排列于茎上，宽卵圆形或近圆形，兜状，先端为或长或短的细尖、渐尖或钝尖。叶上部无色透明，下部淡绿色，边缘不明显分化，具1～2列狭长方形细胞，全缘。叶上部细胞较大，无色透明，壁薄。蒴柄长，孢蒴垂倾或下垂，台部不明显，成熟后红褐色。

喜生于光照充足的岩面、土面、混凝土上。保护区内见于松树坑。世界广布种，我国各省区广泛分布。

A 野外生活照，配子体阶段

B 野外生活照，具孢子体

C 叶片

（3）比拉真藓 *Bryum billarderi* Schwägr.

采集号｜ cblzd2021181，cblzd2021088，CBLXH0238

植物体较大，茎高可达2 cm或更高。茎上部叶密集，呈莲座状排列。叶广椭圆形、长圆形至倒卵圆形，上部叶长可达4.5 mm。叶边缘由下至上2/3处明显外卷，上部平，具明显钝齿，中肋贯顶突出呈短芒。叶中部细胞长六角形，叶中上部边缘分化为3～4列线形细胞，叶下部边缘具5～6列线形细胞。本种在真藓属中体形较大，且叶常呈莲座状排列，易与本属其他种区分。

生于岩面、腐木或腐殖土面。保护区内见于大坑口和饭池嶂。广泛分布于热带至温带地区，我国大部分省区可见。

A 野外生活照

B 野外生活照，局部特写

C 叶形

D 叶缘

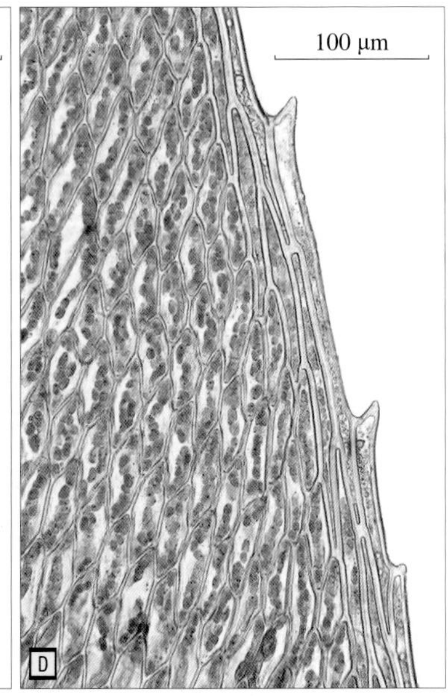

（4）卵蒴真藓 *Bryum blindii* Bruch & Schimp.

采集号｜ cblzd2021249

植物体细小，高约5 mm，黄绿色。枝条呈柔荑花序状。叶在枝上覆瓦状排列，卵状披针形，短尖或钝尖，叶边全缘，中肋及顶或贯顶，偶在叶尖下消失。叶中部细胞狭菱形，向边缘渐狭，但不形成明显分化边缘。孢蒴球形或卵圆形，下垂，台部粗。

喜生于岩面薄土上。保护区内见于松树坑。分布于中国、北美洲和欧洲，我国见于新疆、宁夏、山东、云南、贵州等地。

A 野外生活照
B 叶形
C 叶细胞

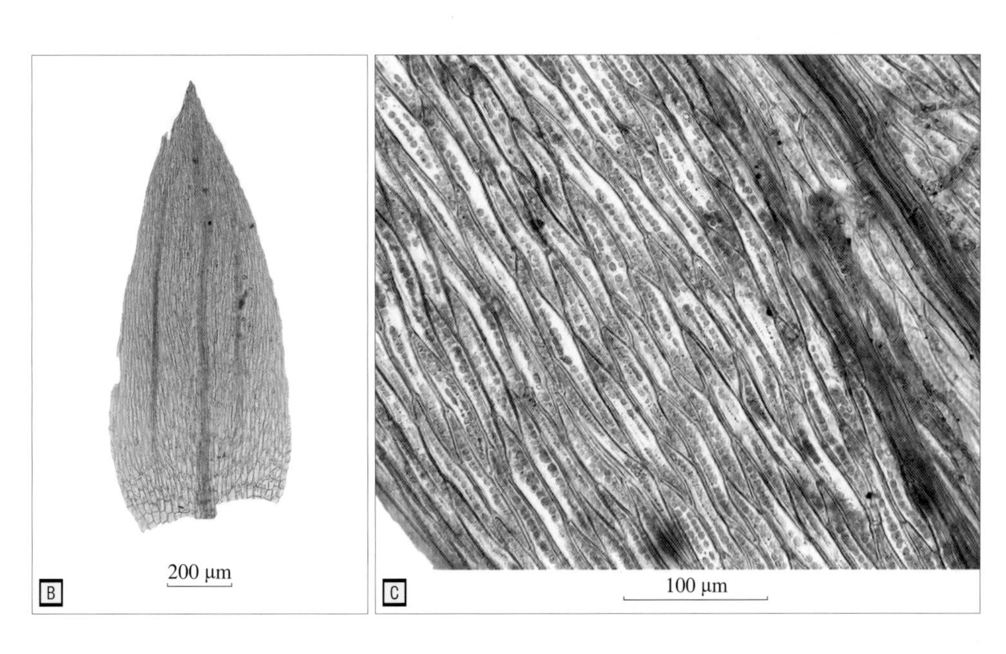

（5）细叶真藓 *Bryum capillare* Hedw.

采集号｜ cblzd2021186

植物体深绿色，几无光泽。叶干时皱缩旋转扭曲，湿时伸展。下部叶卵圆形或长圆形，急尖，上部叶倒卵形、长圆形或舌形。叶上部全缘或具微齿，中部最宽，中肋贯顶呈芒状。叶中部细胞长圆状六角形或菱形，叶边1～2列狭线形细胞构成不明显的黄色分化边缘。

喜生于岩面薄土上。保护区内见于大坑口。世界广布种，我国多数省区有分布。

野外生活照

（6）蕊形真藓 *Bryum coronatum* Schwägr.

采集号｜ cblzd2021050

植物体密集丛生，黄绿色，无光泽。茎叶覆瓦状排列，卵状披针形至披针形。叶边缘由上至下背卷，全缘。中肋贯顶，长芒状。叶中部细胞菱形至伸长的六角形，壁薄。边缘细胞狭长，不明显分化。孢蒴长圆形，台部膨大，明显或微粗于壶部。

喜生于沙质土或岩面薄土上。保护区内见于鹿子洞。分布于北半球暖温带地区，我国除西北地区外多省区可见。

A 野外生活照
B 叶形
C 叶中部细胞

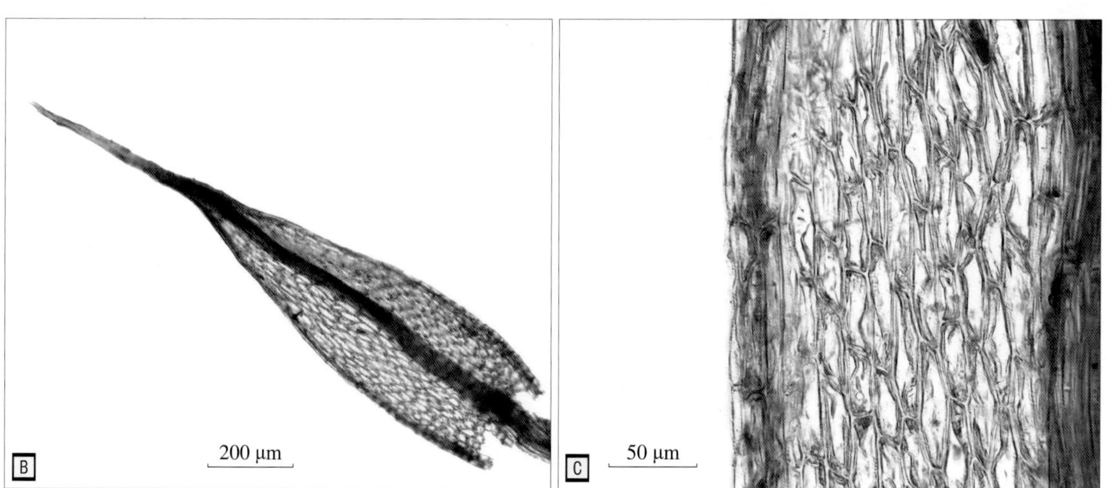

（7）双色真藓 *Bryum dichotomum* Hedw.

采集号｜ cblzd0122，CBL202304016

植物体深绿色，茎高约5 mm，叶腋常可见具叶原基的无性芽孢。叶长圆状披针形，渐尖，基部兜状。中肋粗，贯顶并具长突出。叶细胞长方形或菱状六边形，近边缘稍狭，但不形成明显分化边缘。蒴柄长2 cm，孢蒴下垂，台部略膨大。本种与蕊形真藓较相似，但本种叶边平展，而后者叶边常背卷。

生于阳光充足的土面、岩面等处。保护区内见于车八岭、企岭下村。世界各地广布，我国大部分省区有分布。

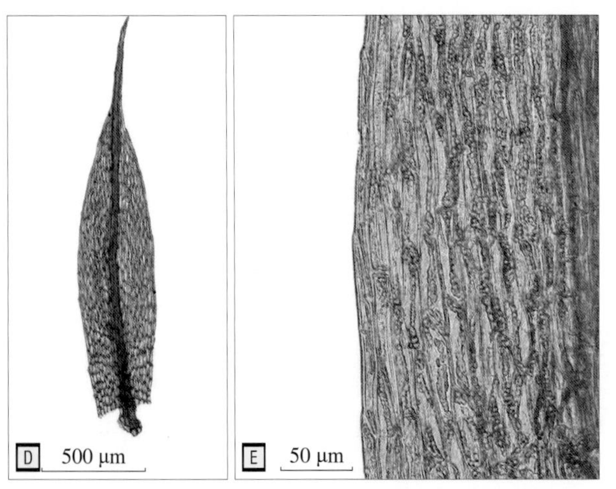

A 野外生活照
B 野外生活照，示雄性生殖结构
C 野外生活照，示孢子体
D 叶形
E 叶中部细胞

（8）拟纤枝真藓 *Bryum petelotii* Thér. & R. Henry

采集号｜cblzd2021192，cblzd2021225

植物体上部银白色，微具光泽。叶片覆瓦状排列于茎上，卵圆状披针形至披针形。叶上部细胞无色透明，具细长的白毛尖，中部细胞长圆形或长圆状六角形，边缘细胞不明显分化。蒴柄深褐色。孢蒴直立，暗褐色，蒴口小。从外形看本种与真藓 *Bryum argenteum* 很相似，主要区别是本种的孢蒴直立，叶片白色毛尖更为细长。

喜生于路边或石壁上。保护区内见于大坑口和松树坑等地。分布于中国、日本及中美洲热带地区，我国贵州、云南、台湾等地有分布。

A 野外生活照（1）
B 野外生活照（2）
C 叶形

16. 提灯藓科 Mniaceae

（1）尖叶匐灯藓 *Plagiomnium acutum* (Lindb.) T. J. Kop.

采集号｜ cblzd0071，cblzd2021144

提灯藓科

植物体疏松丛生，鲜绿色，具光泽。茎匍匐，营养枝匍匐或弓形弯曲，生殖枝直立。叶片卵状阔披针形、椭圆形或卵圆形，叶基狭缩，先端渐尖。叶缘具明显分化边，边上具单细胞锯齿。中肋平滑，长达叶尖。叶细胞不规则多角形，角部不增厚。

喜生于路旁、林缘土坡上。保护区内广泛分布。分布于亚洲，我国各省区均可见。

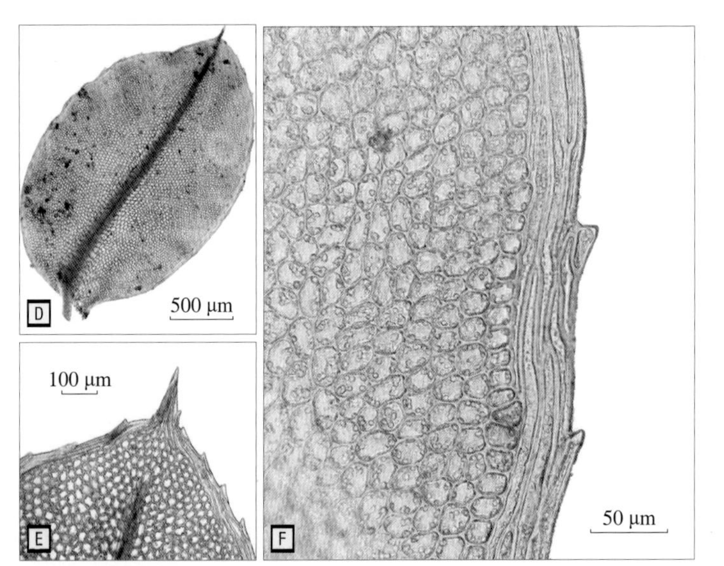

A 野外生活照，示营养体
B 野外生活照，示雌性生殖枝
C 野外生活照，示雄性生殖枝
D 叶形
E 叶尖
F 叶缘

（2）无边匐灯藓 *Plagiomnium elimbatum* (M. Fleisch.) T. J. Kop.

采集号｜ cblzd2021323，CBLXH0447

植物体疏松丛生。主茎横卧，密被棕色假根，次生茎直立，基部密生假根，先端集生叶。叶椭圆形或长矩圆状舌形，先端圆钝。叶边全缘或具微齿，无明显分化边缘或仅在叶片下部边缘有1～2列细胞分化，呈不规则长方形。中肋至叶尖稍下处消失。本种与大叶匐灯藓的叶形和生境类似，但本种叶较小较圆，干时叶不卷缩，与匐灯藓属的其他种易于区分。

喜生于石壁上。保护区内见于张都坑和三角塘。该种分布于印度和印度尼西亚，我国此前仅西双版纳有记录。

A 野外生活照
B 野外生活照局部特写
C 叶形
D 叶缘细胞（1）
E 叶缘细胞（2）

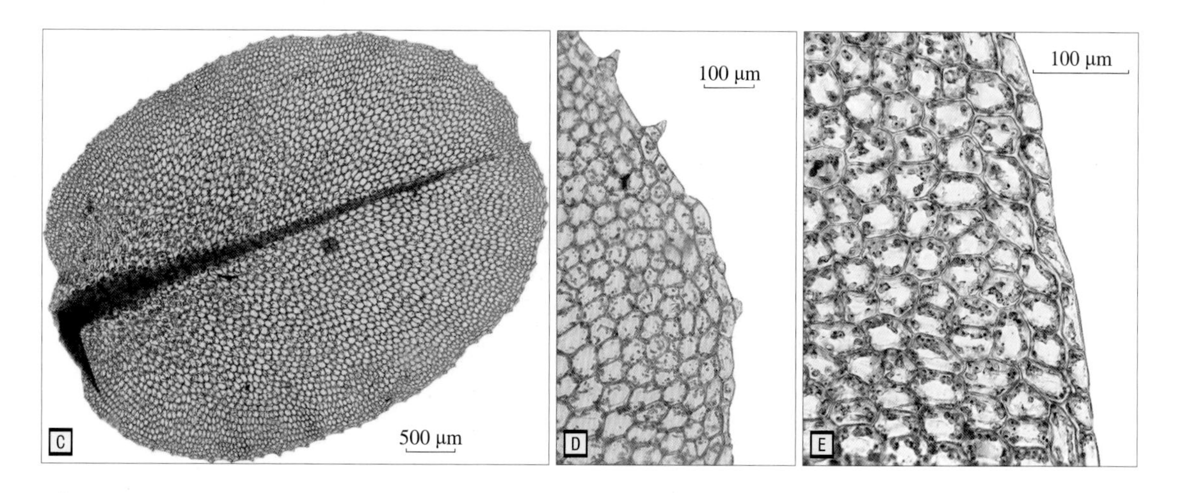

（3）全缘匐灯藓 *Plagiomnium integrum* (Bosch & Sande Lac.) T. J. Kop.

采集号｜cblzd0010

植物体疏松丛生。主茎匍匐，密被黄棕色假根，次生茎直立，高2～3 cm，叶在上部集生。叶片卵阔椭圆形或阔卵圆形，先端急尖，具小尖头。叶缘具明显分化边，全缘，稀具疏而钝的微齿。中肋粗壮，长达叶尖。叶细胞呈椭圆状六角形或斜长方形，壁薄，角部稍增厚。叶边全缘为此种区别于同属其他种的重要特征。

喜生于溪旁、水边潮湿石头上，或阴湿林下及岩面上。标本采集于保护区内管理局附近。分布于亚洲，我国大部分省区可见。

A 野外生活照
B 叶形
C 叶缘

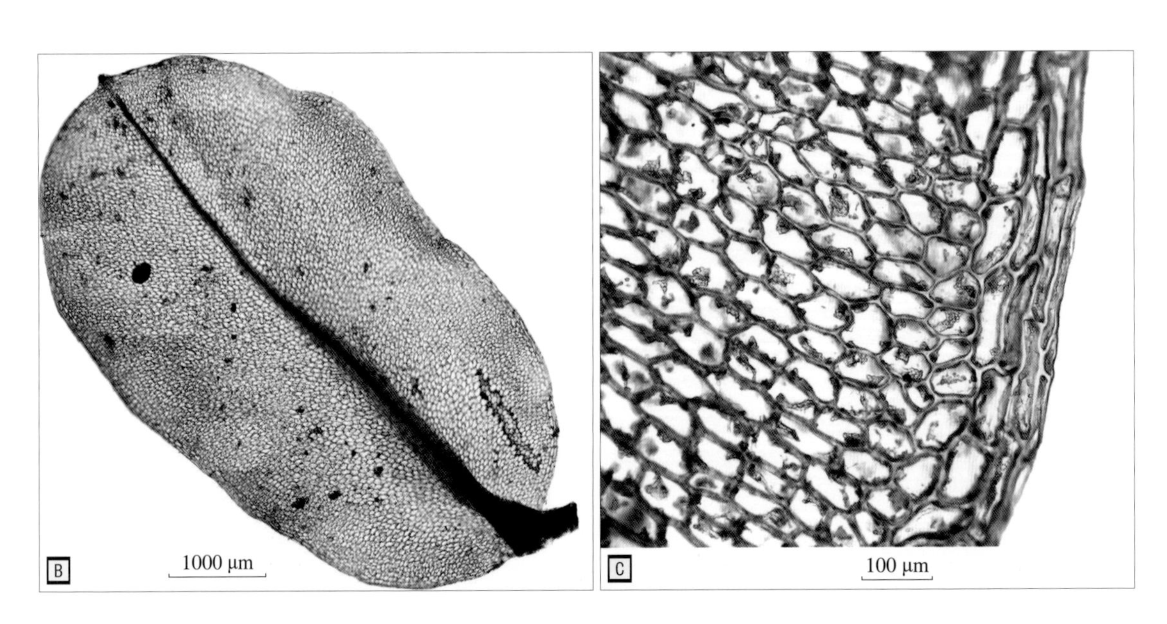

（4）侧枝匐灯藓 *Plagiomnium maximoviczii* (Lindb.) T. J. Kop.

采集号｜ cblzd2021073

植物体疏松丛生。主茎横卧，次生茎直立，先端簇生叶呈莲座状排列。叶片长卵状或长椭圆状舌形，叶片上具数条横波纹，叶基狭缩，稍下延，先端具小尖头。叶缘具明显分化边，密被细锯齿。中肋长达叶尖。叶细胞较小，多角状不规则圆形，胞壁角部稍加厚，中肋两侧各具1列整齐排列的较一般细胞大2～4倍的细胞。叶具横波纹，中肋两侧具明显增大细胞是本种的重要特征。

喜生于林下、林缘或沟边石头或地面上。标本采集于保护区内叶坑尾。分布于中国、印度北部、日本、朝鲜和俄罗斯，我国大部分省区有分布。

A 野外生活照，示营养期
B 野外生活照，示雄性生殖枝
C 叶形

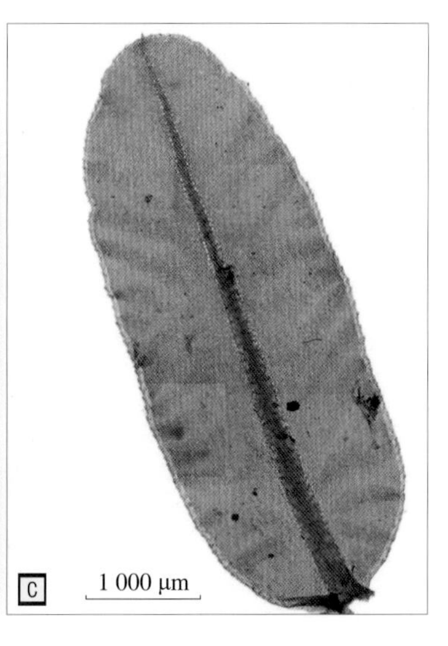

（5）大叶匐灯藓 *Plagiomnium succulentum* (Mitt.) T. J. Kop.

采集号｜ cblzd2021097，cblzd2021145，CBLXH0263，CBLXH0303，

植物体较粗壮，疏松丛生，亮绿色。茎和营养枝均匍匐，生殖枝直立。叶片阔椭圆形或阔卵圆形，基部不下延，先端圆钝，具小尖头。叶缘具不甚明显分化的狭边，中上部具由1～2个细胞构成的细钝齿。中肋从叶尖以下消失。叶细胞呈斜长的五边形、六边形或近长方形，近叶缘的1～2列细胞特宽大。本种叶缘具1～3列细胞构成的分化边缘，且近叶缘细胞明显较大，可与同属的其他种相区别。

喜生于阴湿处树干、土面或岩面上。保护区内见于三角塘、饭池嶂、大坑口、叶坑尾、松树坑和车八岭等地。分布于亚洲，我国大部分省区有分布。

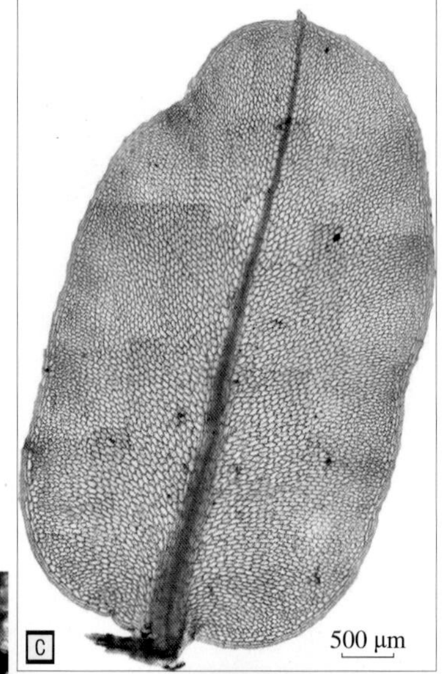

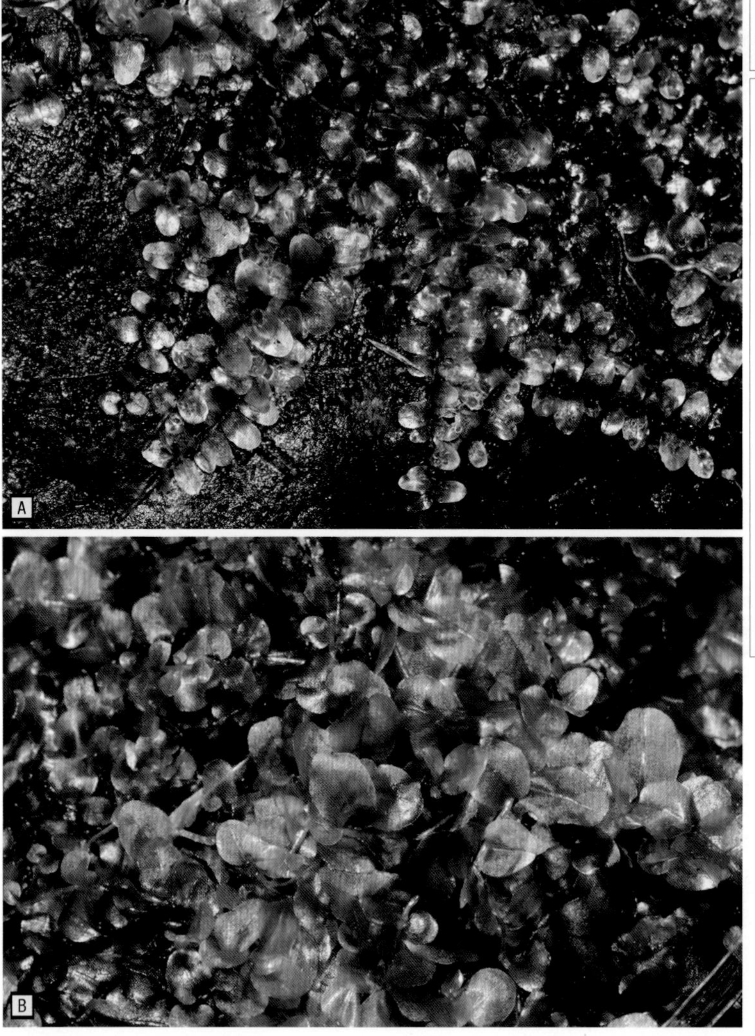

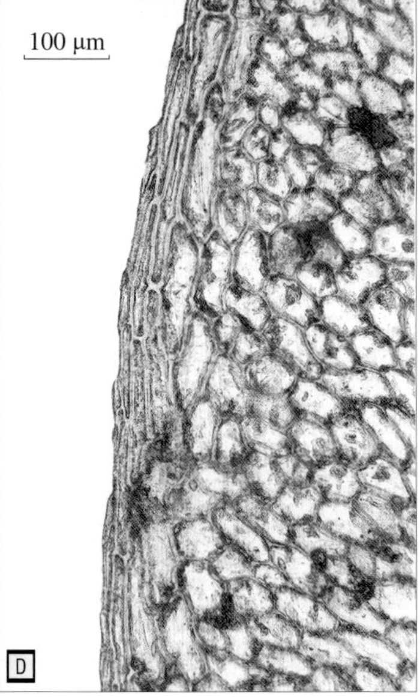

A 野外生活照

B 野外生活照局部特写

C 叶形

D 叶缘细胞，示分化边及近叶缘较大细胞

（6）疣齿丝瓜藓 *Pohlia flexuosa* Harv.

采集号 | cblzd2021034

植物体丛集生长，直立，绿色或黄绿色至褐绿色，下部具褐色假根。叶稍密集，披针形，长1.3～2.2 mm，宽0.4～0.6 mm，上部具细齿，边缘平展。中肋达叶尖，红褐色。叶细胞狭，线形。植物体具单一长棒形无性芽孢，芽孢细胞螺旋状扭曲伸长，上部具2～4个叶原基。孢蒴倾立，卵状梨形，台部短。

生于土面或岩面薄土上。标本采集于保护区内鹿子洞。分布于东南亚和美洲，我国多数省区有分布。

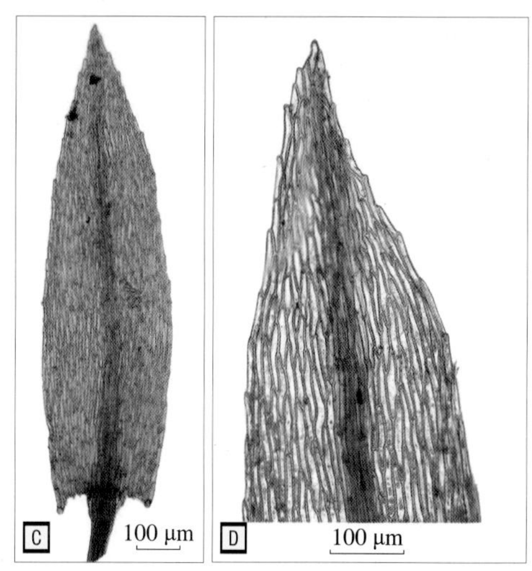

A 野外生活照

B 野外生活照局部特写，示芽孢形态

C 叶形

D 叶上部放大

17. 木灵藓科 Orthotrichaceae

（1）福氏蓑藓 *Macromitrium ferriei* Cardot & Thér.

采集号｜ cblzd2021196，cblzd2021184，cblzd2021256

植物体密集片状生长，下部黑褐色，上部黄绿色。主茎匍匐，分枝密集，枝条直立，短且单一。茎叶背仰或伸展，枝叶干时卷缩，湿时伸展。叶片椭圆状披针形，渐尖或圆钝具小尖头，龙骨状。中肋达叶尖。叶细胞具1至数个小疣，中部细胞稍具乳突。基部细胞狭长，近线形。蒴柄直立，平滑，长7～10 mm。孢蒴直立。蒴齿单层。

喜生于树干或石壁上。保护区内见于博物馆附近、大坑口和企岭下村等地。分布于亚洲、美洲、大洋洲和非洲，我国除西北地区外，多数省区有分布。

A 野外生活照（1）
B 野外生活照（2）
C 叶形
D 叶中部细胞

（2）钝叶蓑藓 *Macromitrium japonicum* Dozy & Molk.

采集号｜ cblzd2021224

植物体紧密生长，暗绿色垫状。茎长而匍匐，分枝直立，短且单一。枝叶干燥时内曲或内曲状卷缩，湿时伸展，但尖部仍内曲。叶片舌形或亚线形，叶边外卷，叶尖端钝，或具短尖。中肋达叶尖下部。中部细胞壁薄，常具数个小疣。基部细胞无色，长方形，壁厚，平滑。蒴柄长2～4（6）mm。孢蒴直立。蒴齿单层。

喜生于树干上。保护区内见于松树坑。分布于中国、日本、朝鲜、俄罗斯，我国东部季风区多省区有分布。

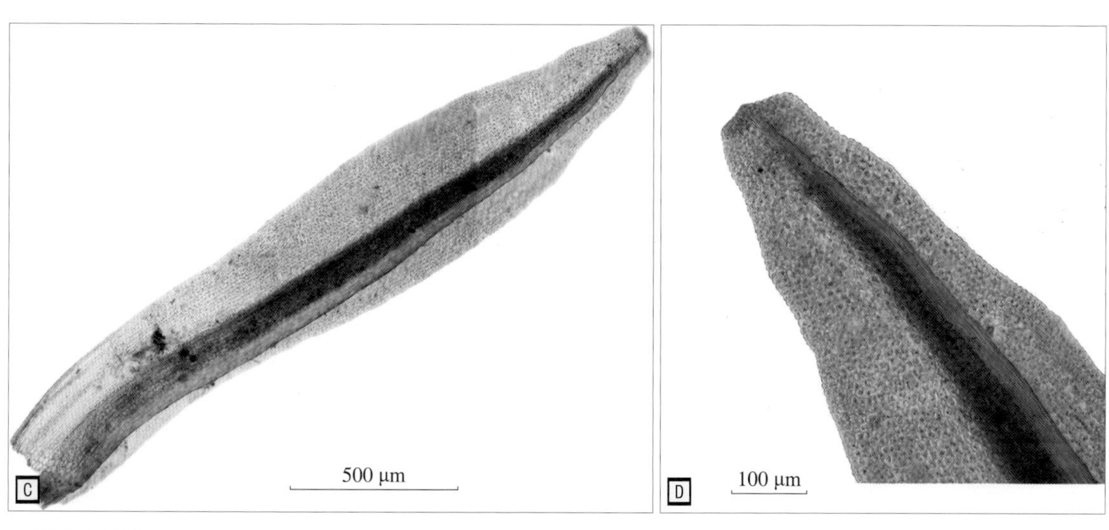

A 野外生活照

B 野外生活照局部特写

C 叶形

D 叶尖

（3）长帽蓑藓 *Macromitrium tosae* Besch.

采集号 | cblzd2021089，cblzd0016

植物体密集垫状。茎长，枝条直立且单一。茎叶黄色，卵状椭圆形，中肋达叶尖下部，中部细胞圆形，壁厚，基部细长狭长方形，壁厚。枝叶干时内卷，舌形或椭圆形，下部具纵褶，叶尖具小芒尖；中肋在叶尖下部消失；中部细胞圆方形或圆六边形，壁薄，具密疣，下部细胞长方形，具单疣。蒴柄长约6 mm。孢蒴直立。蒴帽长，完全覆盖孢蒴，具长的黄棕色毛。

喜生于树干或岩面上。保护区内见于饭池嶂和三角塘等地。中国和日本有分布，我国主要分布于西藏、四川、云南、广西、广东、海南、福建、浙江、上海和台湾。

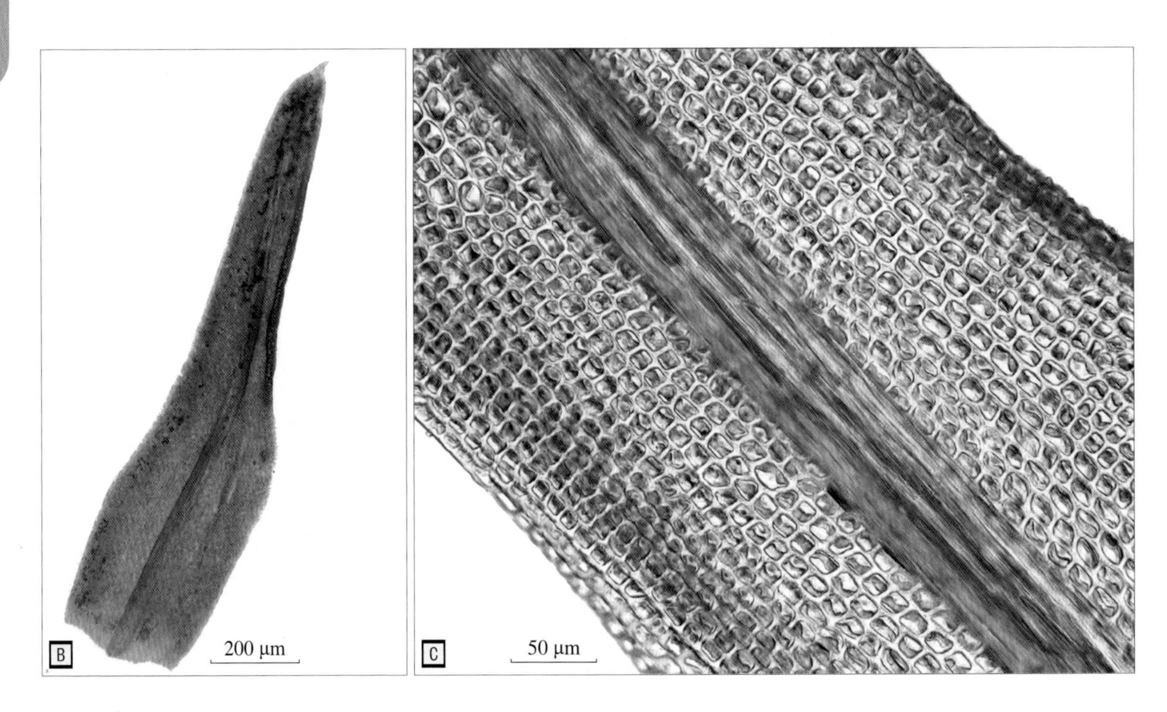

A 野外生活照
B 叶形
C 叶中部细胞

（4）小火藓 *Schlotheimia pungens* E. B. Bartram

采集号｜CBLXH0345

植物体粗壮，红色，具光泽。主茎平铺，纤细裸露，具密分枝。枝直立，基部具红色假根。叶干时螺旋卷曲，湿时伸展，叶具横波纹，椭圆状舌形，叶尖具小钻尖。中肋突出叶尖。叶细胞菱形，壁厚，基部细胞狭线形。蒴柄直立，长4～6 mm。孢蒴圆柱形，具不明显细沟。蒴帽大，钟形，光滑，包裹整个孢蒴。

喜生于树干上。保护区内见于单竹坑往管理局途中。我国特有种，分布于四川、贵州、广西、安徽、浙江、江西、福建、海南、香港、台湾等地。

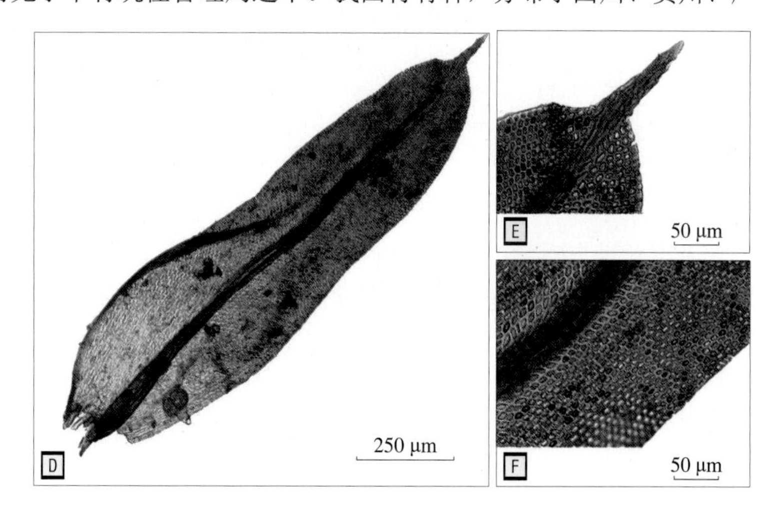

A 野外生活照，示配子体
B 野外生活照，示未成熟孢子体
C 成熟孢蒴放大
D 叶形
E 叶尖
F 叶中部细胞

18. 卷柏藓科 Racopilaceae

薄壁卷柏藓 *Racopilum cuspidigerum* (Schwägr.) Ångstr.

采集号 | cblzd2021142，cblzd2021143，CBLXH0285，CBLXH0420

植物体扁平，匍匐交织丛生为垫状，浅绿色至深绿色。茎不规则分枝，连叶宽可达4 mm。叶二型（有列于茎两侧的侧叶和列于茎背面斜向交错排列的背叶）。侧叶长卵形，不对称，先端急尖。中肋单一，常突出叶尖呈芒状，叶缘中上部具细齿。叶中部细胞圆角方形至六边形，平滑。背叶小于侧叶，近对称，长卵形或三角状披针形，中肋亦突出叶尖呈芒状，叶缘上部具细齿。雌雄异株。蒴柄褐色，长可达2.5 cm甚至更长。孢蒴近横列或垂倾，长圆柱形，常具纵褶。蒴盖锥形具喙。蒴帽兜形。保护区内采集于5月的样本中可见孢子体，但孢子体不甚多见。本种为属内最为常见的种类，肉眼可见的背、侧二型叶与卷柏属相仿为本种一目了然的识别特征。

常生于较温暖的林区中相对荫蔽及湿润的岩面及树干上，有时也出现于受人类活动影响的环境中，例如水泥基质上，保护区内见于管理局及三角塘自然学校附近和仙人洞村附近。东亚、东南亚、大洋洲、太平洋岛屿及非洲东部有分布，我国南部地区及青藏地区多省区可见。

A 野外生活照
B 配子体特写，示二型叶
C 成熟孢子体特写

19. 孔雀藓科 Hypopterygiaceae

粗齿雉尾藓 *Cyathophorum adiantum* (Griff.) Mitt.

采集号｜ cblzd0038，CBLXH0308，CBLXH0442，CBLXH0488

植物体较大型，常小丛簇生，直立或倾立，浓绿色至深绿色。茎单一或在近顶部分枝，高可达6.5 cm，连叶宽可达1 cm，扁平被叶。叶二型（有列于茎两侧的侧叶和列于茎腹面的腹叶），侧叶卵形至卵状披针形，不对称，先端锐尖至渐尖，中肋短，常分叉，叶缘具狭长细胞构成的分化边缘，叶边中下部至先端具或细或粗的齿，叶中部细胞菱形。腹叶小于侧叶，近对称，卵形至卵状披针形，先端渐尖。茎上部常形成尾尖状，叶腋中常生有无色、绿色、橙褐色至褐色的多细胞丝状芽胞。雌雄异株。蒴柄短，仅2 mm左右。孢蒴圆柱形。保护区内收集的样本中暂未见孢子体。本属植物以外观形似雉尾而得名，在野外可肉眼直接辨识。

常生于山地林区和溪谷较湿润处的树干、树基、腐木和岩面上，保护区内见于三角塘自然教育径。主要分布于东亚及东南亚，我国东部、中部、南部及西南部多省区可见。

A 野外生活照

B 植株特写，示二型叶及着生芽胞的尾尖状茎端

20. 小黄藓科 Daltoniaceae

厚角黄藓 *Distichophyllum collenchymatosum* Cardot

采集号 | CBLXH0123，CBLXH0140

植物体中型，常密集丛生为小群或成片生长，黄绿色、浅绿色至绿色。茎不规则分枝，扁平被叶，长1～3 cm，偶达5 cm以上，连叶宽可达5 mm。叶干时卷缩，湿时平展或略具波纹，长倒卵形至阔舌形，先端短尖至渐尖，中肋常止于叶上部至近叶尖处，叶缘具2～3列线形细胞构成的分化边缘。叶中上部细胞圆角六边形，中部细胞长度常大于30 μm。叶背中肋基部有时可见多细胞丝状芽胞。雌雄同株。孢子体侧生，蒴柄长可达1.5～2 cm，褐色，表面常具疣。孢蒴倾立至平列，近卵形。保护区内收集的样本中暂未见孢子体。

常生于山区林下、溪流边或路边荫蔽且湿润的岩面或腐木上，保护区内见于三家村附近及火龙径。分布于东亚和东南亚，我国南方地区及青藏地区多省区可见。

A 野外生活照，示湿润状态下的配子体
B 野外生活照

21. 碎米藓科 Fabroniaceae

服部旋齿藓 *Helicodontium hattori* Nog.

采集号｜ CBLXH0002，CBLXH0463

植物体非常纤细，紧贴基质表面密集交织成片，绿色。主茎匍匐，不规则分枝。茎叶干时平贴，湿时直展，椭圆状披针形，最阔处接近基部，叶缘具细齿，中肋短弱，常不及叶中部。叶中部细胞菱形至椭圆状六边形，壁略厚，角细胞矩形或近方形。蒴柄长5～7 mm，孢蒴多少倾立，椭圆形至椭圆状卵形。蒴齿常损毁，外齿短于内齿，干时常外翻，三角状披针形，基部具横纹，上部具疏细疣，内齿上部长线形。

常生于受人类活动干扰环境中有一定年份的树干上，保护区内见于管理局大院及自然学校附近。分布于中国和日本，我国曾记载于广西，迄今较为罕见。

A 野外生活照，示混生群体

B 植株特写，示孢子体

C 茎叶

D 枝叶

22. 薄罗藓科 Leskeaceae

（1）狭叶麻羽藓 *Claopodium aciculum* (Broth.) Broth.

采集号｜ cblzd2021023，cblzd2021026，cblzd0014，cblzd0049

植物体较纤细，黄绿色至绿色，交织疏松生长。茎匍匐，不规则羽状分枝，鳞毛缺失。茎叶与枝叶无明显分化。叶片披针形至长卵形，长约 0.6 mm，上部渐尖，叶边具齿，中肋近贯顶。叶细胞长卵形至菱形，壁薄，中央具单疣，上部边缘细胞常较内部细胞长。雌雄异株。保护区内收集的样本中暂未见孢子体。

生于阴湿岩面或土坡上。保护区内见于鹿子洞、三角塘和松树坑等地。分布于东亚和东南亚，我国东部季风区多省区可见。

A 野外生活照
B 配子体特写
C 枝叶

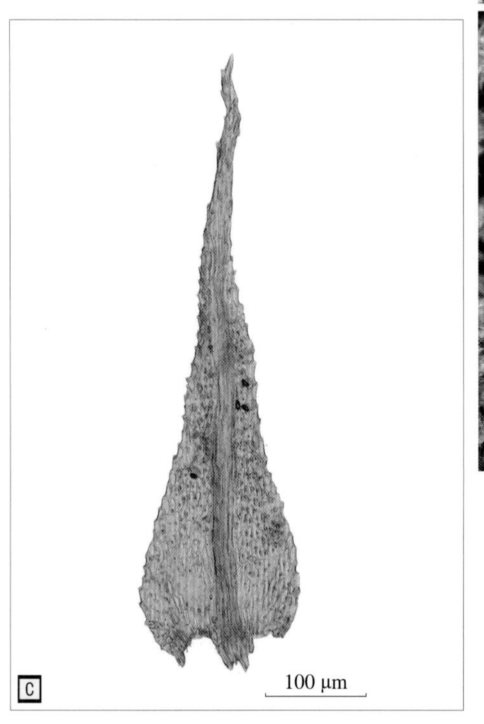

(2)大麻羽藓 *Claopodium assurgens* (Sull. & Lesq.) Cardot

采集号 | cblzd2021054，cblzd2021060，cblzd2021217，cblzd0100，cblzd0108，cblzd0076，CBLXH0329，CBLXH0066

植物体较粗大，柔软，黄绿色至翠绿色，疏松交织生长。茎多不规则分枝，鳞毛缺失。茎叶与枝叶分化明显。茎叶基部宽阔，阔卵形至卵状三角形，向上呈狭尖，叶边具齿，上部背卷，中肋贯顶。枝叶长约为茎叶长的1/2，卵状披针形，先端渐尖，中上部叶缘常鲜明背卷，中肋达叶尖或略突出。叶细胞卵形至圆方形，中央具单疣。雌雄异株。保护区内收集的样本中暂未见孢子体。本种为麻羽藓属内相对常见且较大型的种类，在熟悉本地苔藓植物多样性的基础上，可用放大镜或微距镜头观察其枝叶形态及叶缘背卷特征进行识别。

常生于低海拔林区树干、树基、腐木或岩面上，有时也可出现于受人类活动干扰的环境中，保护区内见于管理局往松树坑方向的沿途及单竹坑、坑尾、车八岭。主要分布于东亚、东南亚、南亚及大洋洲，我国南方地区多省区可见。

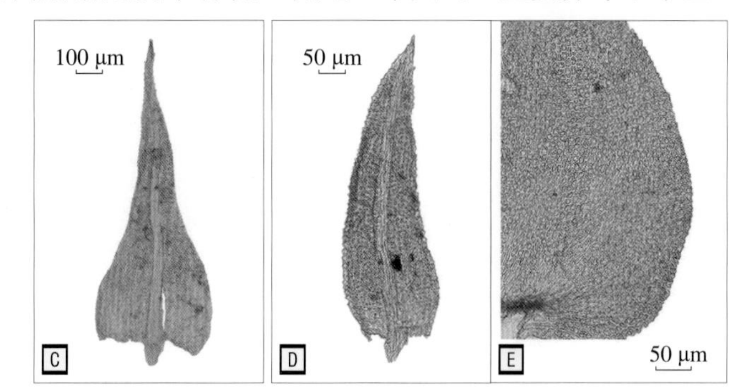

A 野外生活照
B 植株局部特写
C 茎叶
D 枝叶
E 叶基部细胞

（3）细麻羽藓 *Claopodium gracillimum* (Cardot & Thér.) Nog.

采集号｜ CBLXH0482，CBLXH0491

植物体颇纤细，柔软，常疏松交织成片生长，绿色。主茎匍匐，不规则疏松羽状分枝，稀具片状鳞毛。叶干时贴生，湿时倾立，茎叶三角状披针形至长卵状披针形，上部长渐尖。枝叶卵形、长卵形至卵状披针形，渐尖。叶缘具细齿，中肋相对细弱，达叶片上部。叶中部细胞菱形至多角形，中央具单疣。保护区内收集的样本中暂未见成熟孢子体。本种在野外不易以肉眼发现和识别，且相对罕见。

常生于山地林区较荫蔽且湿润的岩面或树根上，保护区内见于三角塘自然教育径溪畔。分布于中国和日本，我国广东、海南、贵州、台湾、重庆等地有记录。

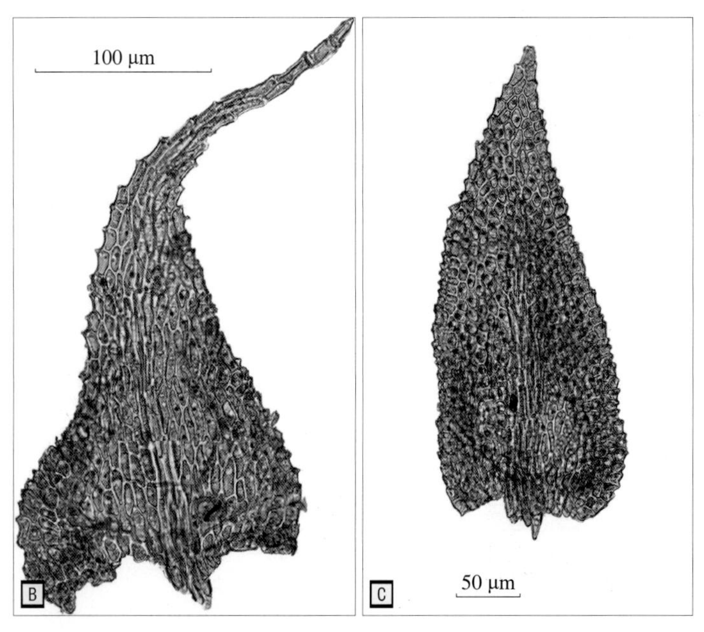

A 野外生活照
B 茎叶
C 枝叶

（4）狭叶小羽藓 *Haplocladium angustifolium* (Hamp. & Müll. Hal.) Broth.

采集号 | cblzd2021112，cblzd2021044

植物体小型至中等大小，黄绿色，交织成片生长。茎匍匐，规则羽状分枝，茎上密生鳞毛，披针形，枝上鳞毛稀少。茎叶基部卵形至阔卵形，向上呈披针形，叶边具齿，中肋长突出于叶尖。枝叶基部卵形至狭卵形，上部披针形尖短或长。叶细胞具前角疣，中上部叶细胞狭菱形。

喜生于朽木或石头上。保护区内见于企岭下村和鹿子洞等地。分布于亚洲、欧洲和非洲，我国主要见于东部季风区。

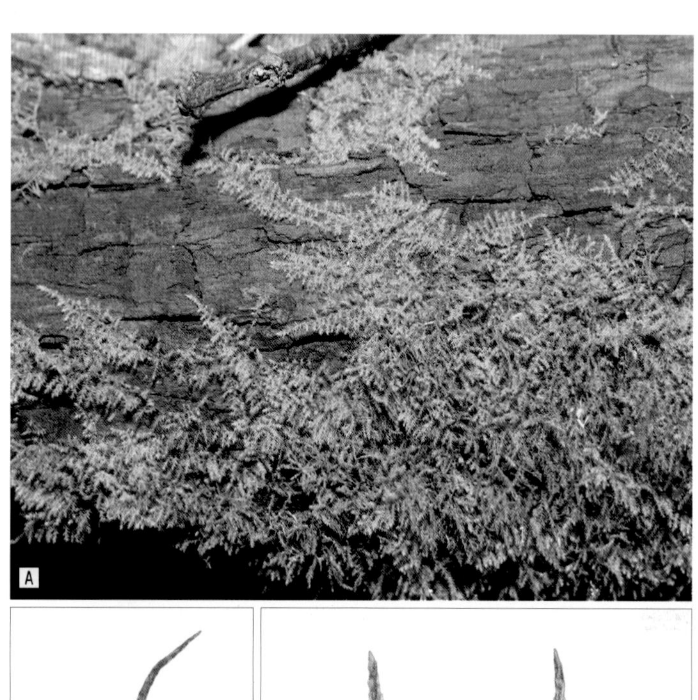

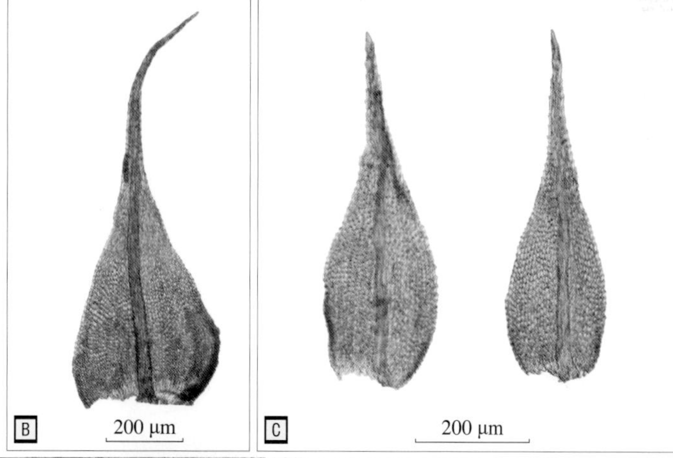

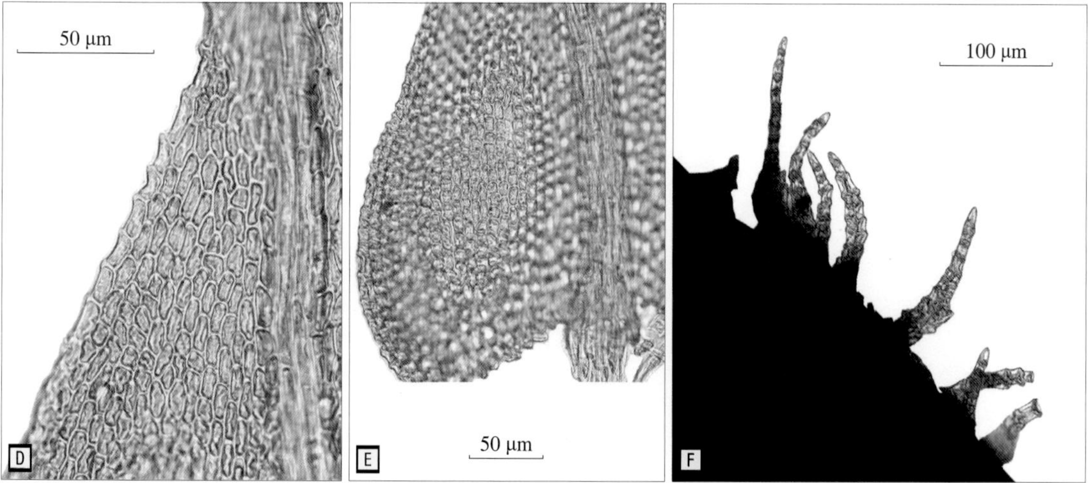

A 野外生活照
B 茎叶
C 枝叶
D 叶上部细胞
E 叶基部细胞
F 鳞毛

（5）细叶小羽藓 *Haplocladium microphyllum* (Sw. ex Hedw.) Broth.

采集号｜ cblzd2021251

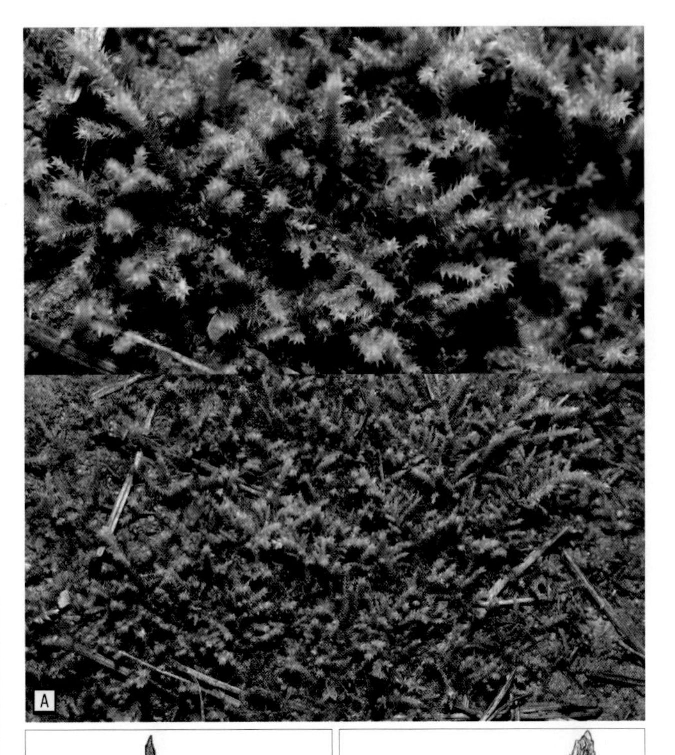

植物体小型至中等大小，黄绿色，交织成片生长。茎匍匐，规则羽状分枝，茎上密生披针形或线形鳞毛，枝上鳞毛较少或缺失。茎叶基部阔卵形，向上呈细长尖，叶边具齿，中肋贯顶或终止于叶尖下。枝叶阔卵形，具短披针形尖，中肋不及顶。叶上部细胞长菱形至椭圆形，中部细胞近多角形，具单个中央疣。本种与狭叶小羽藓相似，不同之处在于本种叶尖明显较短，疣位于细胞中央。

喜生于土面或石头上。标本采集于保护区内松树坑。东亚、欧洲和北美洲有分布，我国主要分布于东部季风区。

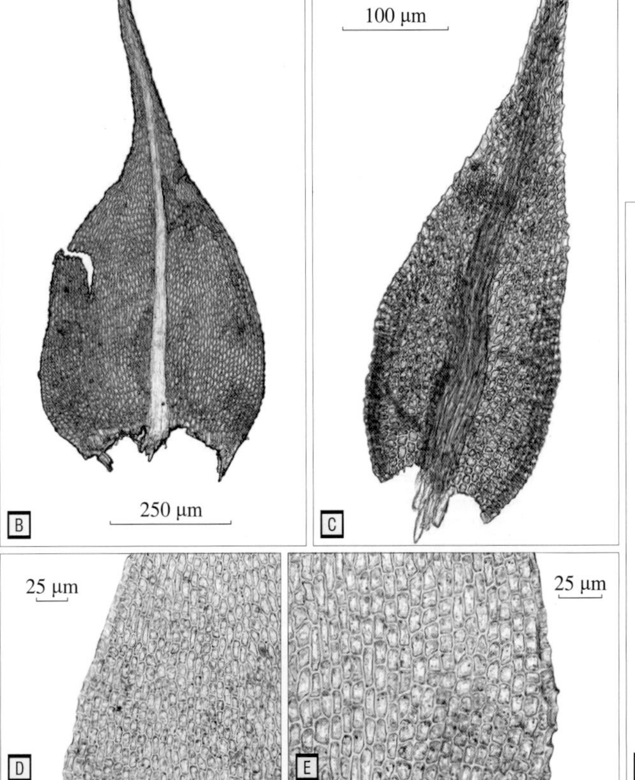

A 野外生活照
B 茎叶
C 枝叶
D 叶中部细胞
E 叶中下部细胞
F 鳞毛

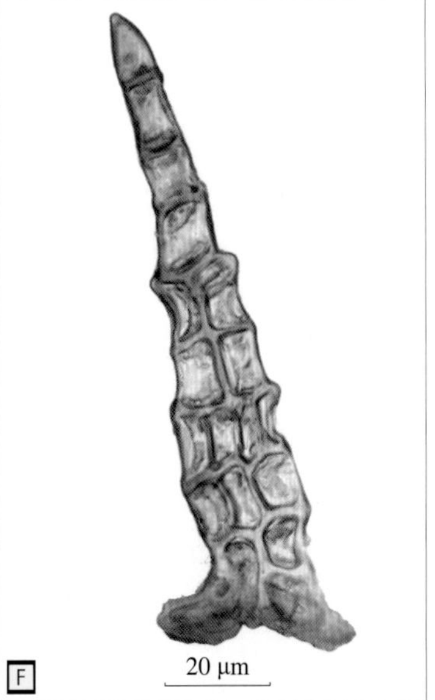

薄罗藓科

（6）东亚小羽藓 *Haplocladium strictulum* (Cardot) Reimers

采集号 | cblzd2021313

植物体小型至中等大小，疏松交织生长。茎匍匐，规则羽状分枝，茎和枝上鳞毛密生，披针形。茎叶卵形或卵状三角形，向上呈披针形尖，中肋背面具刺状疣。枝叶明显小于茎叶，卵形至卵状椭圆形，叶尖短宽。叶中部细胞具单个前角疣。蒴柄黄色至红棕色，长可达2 cm以上。孢蒴圆柱形，成熟时弓形弯曲。蒴齿双层，外层蒴齿黄褐色，阔披针形，内齿层齿条与外齿层近等长，淡黄色，具细疣。

喜生于阴湿具土岩面上。标本采集于保护区内仙人洞。中国、日本和朝鲜有分布，我国辽宁、内蒙古、宁夏、河北、山东、四川、贵州、浙江等省区可见。

A 野外生活照
B 茎叶
C 枝叶
D 鳞毛

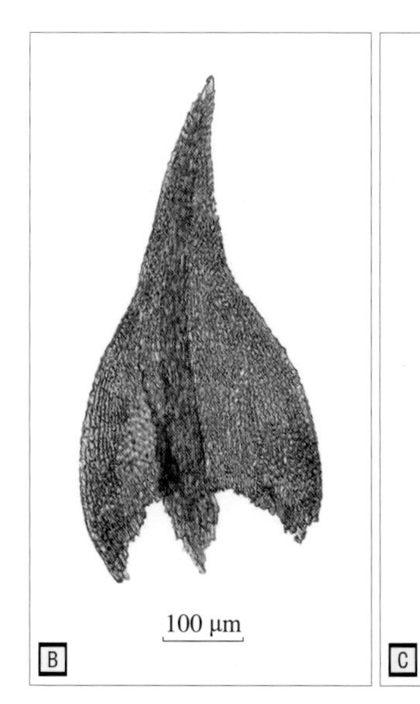

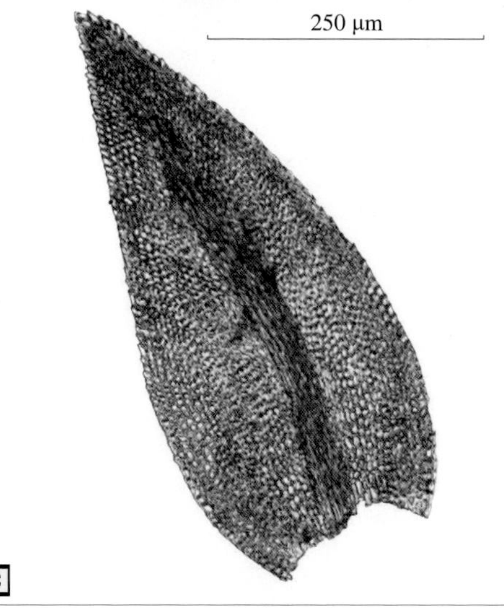

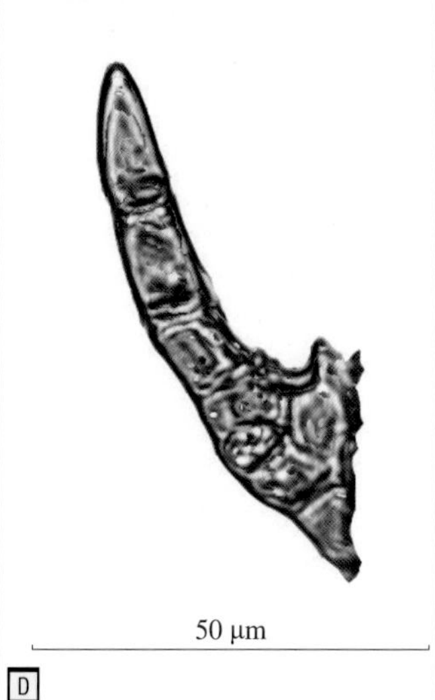

（7）粗肋薄罗藓 *Leskea scabrinervis* Broth. & Paris

采集号 | CBLXH0001，CBLXH0002，CBLXH0464

植物体细小，平贴于基质上交织成片，有时混杂于其他苔藓植物中，黄绿色、绿色至浓绿色。主茎匍匐，不规则1～2回分枝，枝常倾立。茎叶卵状披针形，平展，上部常略偏斜，中肋粗壮，达叶上部，叶边全缘，枝叶与茎叶近同形。叶中部细胞近圆角六边形，壁薄，叶缘细胞多少横向排列。雌雄同株。蒴柄浅红褐色，长约7 mm。孢蒴直立。蒴齿常损坏，外齿短于内齿，外齿色浅，具疏横纹及稀疏疣，内齿色深，具密集粗疣。保护区内采集于5月的样本中可见成熟孢子体。本种在野外并不易以肉眼发现和辨识。

常出现于受人类活动影响环境中年份较长的树干和岩面上，保护区内见于管理局和博物馆附近。我国特有种，福建、江西、河南、云南和上海等地有记录。

A 野外生活照，示配子体

B 野外生活照，示孢子体

（8）拟草藓 *Pseudoleskeopsis zippelii* (Dozy & Molk.) Broth.

采集号｜cblzd2021148，cblzd2021146，cblzd2021198，CBLXH0266，CBLXH0275

植物体中等大小，较硬挺，常交织成片生长，植株中较老熟部位、枝中下部常暗绿色至浓绿色，较幼嫩部位、上部常黄绿色。主茎匍匐，不规则分枝，分枝常丛生、直立。茎叶、枝叶不同形。茎叶三角状阔披针形，上部常侧偏，中肋单一，及叶先端。枝叶干时内弯或侧偏，湿时倾立，阔卵形，多少内凹，中肋单一，消失于叶尖略下方，叶缘上部略具细齿突。叶中上部细胞圆角六边形至菱形，平滑，壁厚，叶基角区细胞近方形，中肋两侧细胞短矩形。蒴柄长可达2.5 cm，红褐色。孢蒴倾立，不对称，常为长卵形。保护区内收集于5月的样本中可见成熟孢子体。本种植物体在野外并无一目了然的鲜明特征，但在其相应的生境中比较容易被发现。

常见于山区溪流、瀑布边的湿润岩面上，保护区内见于企岭下检查站、大坑口和飞龙桥便道附近水边。分布于东亚及东南亚，我国东部季风区多省区可见。

A 野外生活照，示具孢子体的群体
B 配子体特写
C 孢子体特写
D 枝叶局部
E 叶尖部

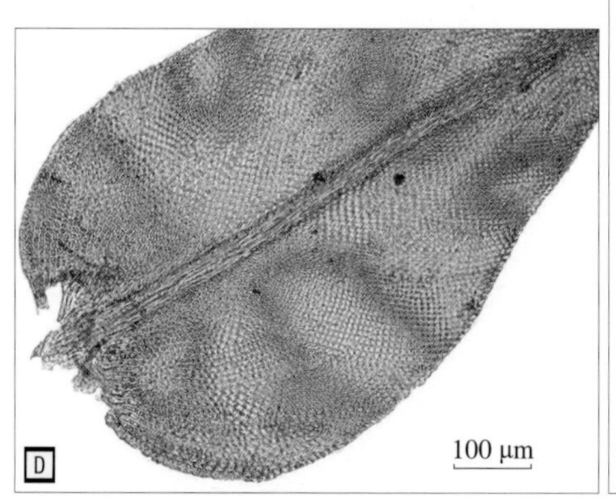

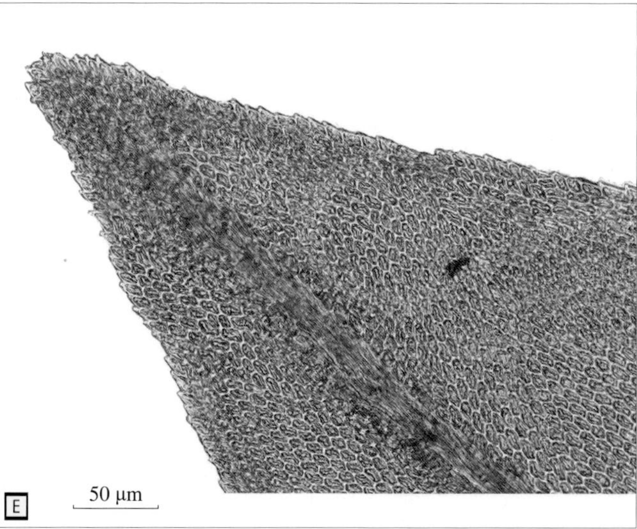

薄罗藓科

（9）大羽藓 *Thuidium cymbifolium* (Dozy & Molk.) Dozy & Molk.

采集号｜ cblzd2021134，cblzd2021065，cblzd2021070，cblzd2021165，cblzd2021215，cblzd2021219，cblzd0059，CBLXH0036

植物体大型，鲜绿色至暗绿色，交织成片生长。茎匍匐，长可达10 cm以上，规则羽状2回分枝，茎枝密生鳞毛，披针形至线形，顶端细胞具疣。茎叶基部三角状卵形，突成狭长披针形尖，顶端具由6～10个单列细胞组成的毛尖，中肋达披针形尖部。枝叶卵形至长卵形，短尖，中肋达叶2/3处。叶中部细胞卵状菱形至椭圆形，具单个中央刺状疣。

常见于阴湿石面、树干或腐木上。本种在保护区内分布较广，保护区内见于企岭下村、叶坑尾、大坑口、单竹坑和松树坑等地。世界各地广布，我国除东北及青藏高原外的大部分省区有分布。

A 野外生活照
B 茎叶
C 枝叶
D 小枝叶
E 叶部分放大，示叶中部细胞

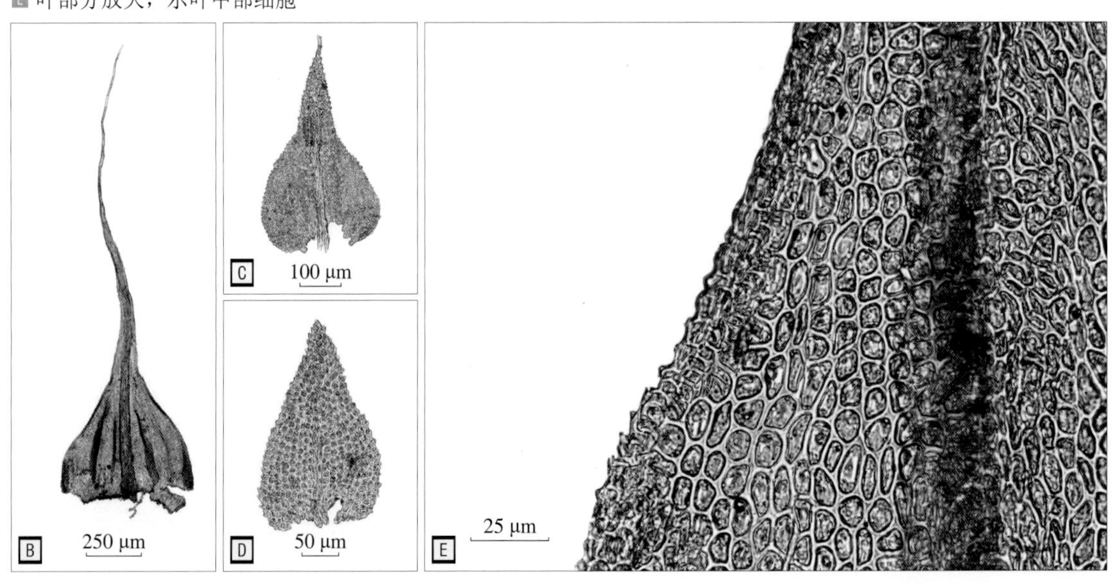

（10）拟灰羽藓 *Thuidium glaucinoides* Broth.

采集号｜cblzd2021164，cblzd2021155，cblzd2021156，cblzd2021169，cblzd2021260，cblzd2021352，cblzd0034，cblzd0095

植物体粗大，淡黄绿色或灰绿色，疏松交织成片生长。茎长达10 cm以上，规则羽状2回分枝，茎枝密生鳞毛，鳞毛披针形至线形，具疣。茎叶阔卵形至卵状三角形，具短尖，中肋长达叶片3/4处，背面具刺疣。枝叶卵形至阔卵形，中肋达叶片2/3处。叶细胞具1～3个疣。

喜生于阴湿石面、树枝或腐木上。本种在保护区内分布较广，大坑口、企岭下村、张都坑、三角塘和车八岭等地均可见。分布于亚洲及太平洋岛屿，我国主要见于山东和南方地区。

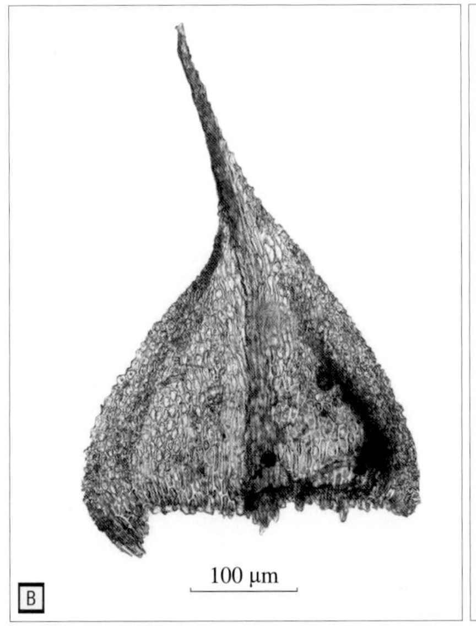

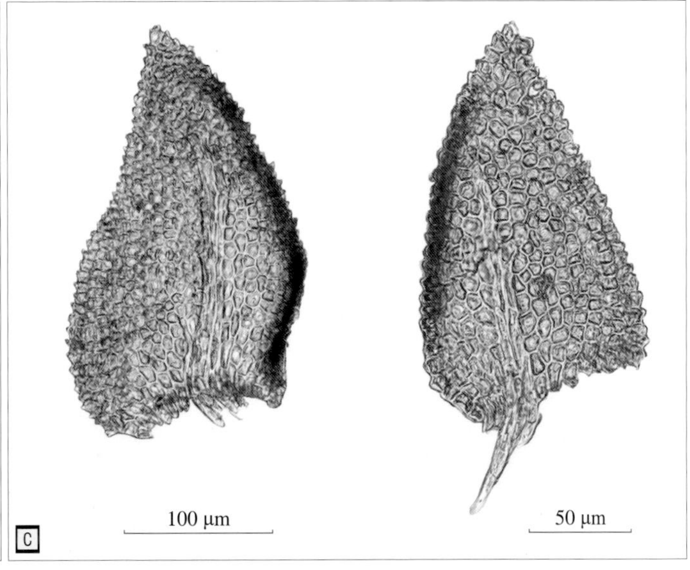

A 野外生活照
B 茎叶
C 枝叶

23. 青藓科 Brachytheciaceae

（1）疏网美喙藓 *Eurhynchium laxirete* Broth.

采集号｜ cblzd0027，cblzd0033，cblzd2021030，CBLXH0304，CBLXH0431

植物体较纤细，常疏松交织丛生，浅绿色。茎不规则分枝至近羽状分枝，疏松扁平被叶。茎叶长椭圆形，最宽处位于叶中部或略下，叶基常偏斜，先端锐尖或具小尖头，叶缘具齿，中肋单一，强劲，达叶上部，先端背部常具刺突。枝叶与茎叶近同形但略小。叶中部细胞线形，叶角细胞近长方形。保护区内收集的标本中暂未见孢子体。

常生于山地林区较为湿润处的岩面、土表和树干，保护区内见于三角塘自然教育径。分布于中国和日本，我国东部季风区及青藏地区多省区广布。

A 野外生活照，示生境
B 野外生活照
C 植株特写

（2）平灰藓 *Platyhypnidium riparioides* (Hedw.) Dixon

采集号｜cblzd0090

植物体中型，疏松交织成片生长，常暗绿色。主茎匍匐，稀疏不规则分枝，枝常直立或倾立，叶在主茎上较稀少，在分枝上较密集。茎叶阔卵形至近圆形，先端圆钝、钝尖或具小尖头，叶基较狭，略背卷，叶缘平展或略具波状褶，具细齿，中肋可达叶中上部。枝叶与茎叶形似但略小。叶中部细胞长菱形至线形，上部细胞较短，角部细胞矩形至矩圆形。

常生于山地林区河道、溪流、瀑布附近较湿润的岩面或岩面薄土上，保护区内见于管理局往车八岭方向溪边岩石上。广布于北半球，我国东部季风区多省区广布。

A 野外生活照
B 植株特写
C 茎叶
D 枝叶

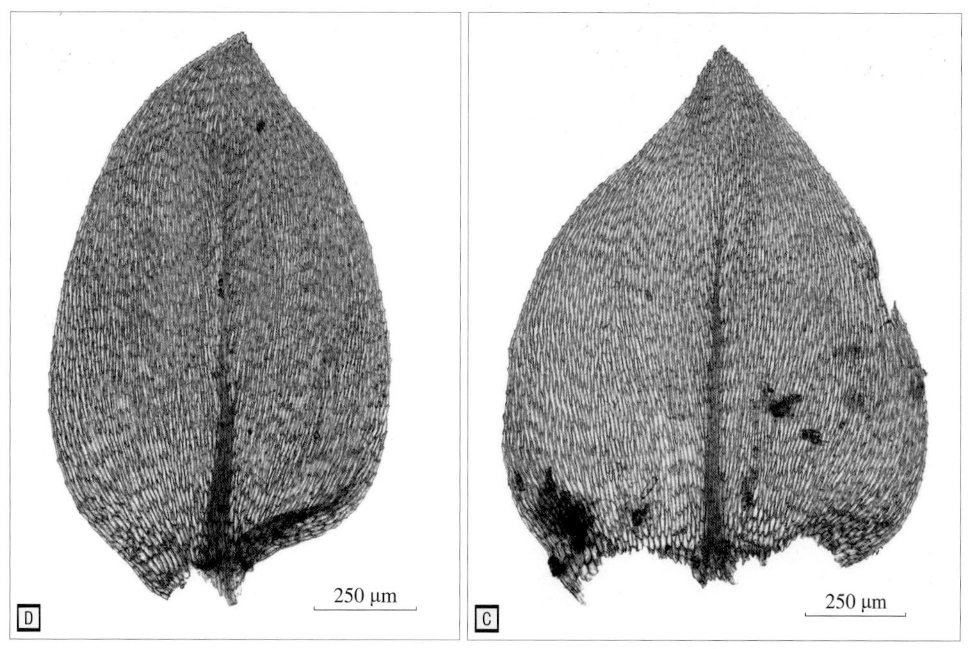

（3）光柄细喙藓 *Rhynchostegiella laeviseta* Broth.

采集号｜ cblzd2021216，cblzd0112，cblzd0047，CBLXH0330，CBLXH0521，CBLXH0532

植物体纤细，常交织或簇生于基质上，浅绿色、绿色或黄绿色，具光泽。主茎匍匐，不规则分枝至近羽状分枝，稀疏扁平被叶。茎叶、枝叶干时及湿时均伸展，茎叶狭披针形，先端渐尖，叶边近全缘或仅在先端具细齿，中肋纤细，达叶中部以上。枝叶与茎叶近似但更纤小。叶中部细胞长菱形至线形，角细胞略分化，近矩形。蒴柄光滑，长1～1.5 cm，孢蒴倾立，倒梨形，近对称。蒴盖锥形具喙。保护区内采集于5月的样本中可见成熟孢子体，采集于11月的样本中可见未成熟孢子体。细喙藓属为青藓科内个体纤小、外观扁平、常见于树枝上的类群。

常生于山地林区、溪谷等较湿润环境中的树枝上，保护区内见于往单竹坑、火龙径、凹背坑方向的沿途。我国特有种，南方地区及西北地区数省区可见。

A 野外生活照，示生境
B 野外生活照
C 植株特写，示孢子体

（4）卵叶长喙藓 *Rhynchostegium ovalifolium* Okam.

采集号 | cblzd2021203，cblzd2021076，CBLXH0156，CBLXH0545

植物体中型，疏松交织成片生长，淡绿色。主茎匍匐，不规则分枝，略疏松至密集被叶，枝端钝。茎叶阔卵形，先端渐尖，有时扭转，叶基窄，叶缘具细齿，中肋纤细，达叶中上部。枝叶与茎叶形似但略小。叶中部细胞长线形，叶基细胞矩圆形至长方形，壁略厚。保护区内收集的标本中暂未见孢子体。

常生于山地林区较湿润处的岩面、土表和树基上，保护区内见于管理局往松树坑方向的沿途及横坑角。分布于中国和日本，我国吉林、陕西、湖南、四川、云南、贵州和重庆等地可见。

A 野外生活照，示干燥状态下的植株

B 野外生活照，示湿润状态下的植株

24. 蔓藓科 Meteoriaceae

（1）扭叶灰气藓 *Aerobryopsis parisii* (Card.) Broth.

采集号｜cblzd0023，cblzd0155，cblzd0156，cblzd0044，cblzd2021228，CBLXH0023，CBLXH0065，CBLXH0280，CBLXH0462-1

植物体较大型，粗壮，柔软，绿色、灰绿色或黄绿色，茎、枝基部较老熟的区域常呈黑绿色至褐色，略具光泽。茎不规则羽状分枝，主茎及支茎不扁平被叶，外观扁圆，枝端常钝。支茎叶椭圆状卵形，内凹，先端渐成狭长、扭曲的毛尖，叶缘在肩部强烈波曲，上部近全缘，中肋单一，达叶上部。叶中部细胞长菱形，略厚壁至厚壁，单疣。角区细胞近矩形至方形，壁厚具孔，平滑。枝叶与支茎叶近同形，略扁平。孢子体生于支茎上，蒴柄长1 cm左右，孢蒴直立，棕色，蒴盖具长喙。保护区内收集于11月的标本中可见孢子体。在熟悉本地苔藓植物多样性的基础上，本种在野外可用肉眼据其外观扁圆的枝条和叶先端狭长扭曲的毛尖粗略识别。

常生于山地林区乔灌木树干、树枝和岩面上，有时也出现于水泥墙面等人工基质上，保护区内见于自然学校附近、三角塘自然教育径、管理局往松树坑方向的沿途。分布于东亚和东南亚，我国浙江、江西、广东、福建、台湾和香港等地有记录。

A 野外生活照，示群体

B 湿润状态下的植株特写

（2）拟悬藓 *Barbellopsis trichophora* (Mont.) W. R. Buck

采集号｜cblzd0067，cblzd0099，cblzd2021322，CBLXH0040，CBLXH0061，CBLXH0090，CBLXH0307，CBLXH0367，CBLXH0473，CBLXH0483

植物体较大，悬垂生长，长可达数十厘米，鲜绿色、黄绿色至黄褐色，具光泽。主茎匍匐，支茎不规则分枝，枝基部常扁平被叶，枝端钝、渐尖至长鞭枝。茎叶、枝叶近似，叶三角状披针形至椭圆状披针形，渐尖至狭长尖，叶基窄，多少抱茎，叶缘多平直，全缘或略具细齿，无中肋或具不明显、极细弱的单中肋。叶中部细胞长线形，多平滑，偶具弱疣。角区细胞近方形，壁厚具孔。支茎及枝端叶常窄小，先端具狭长且多少扭曲的毛尖。雌雄异株。蒴柄短，长仅达2 mm左右，孢蒴卵形至长卵形，直立，棕色，蒴盖锥形，具长喙。保护区内收集的样本中暂未见孢子体。

常生于山地林区树干、树枝、枯枝乃至水泥等基质上，保护区内见于三角塘自然教育径，管理局往松树坑方向沿途阔叶林下道旁或林下溪流边。分布于东亚、南亚、东南亚、太平洋岛屿、美洲，澳大利亚也有分布，我国南方地区和青藏地区多省区可见。

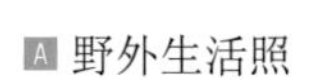

A 野外生活照

B 配子体特写

（3）软枝绿锯藓 *Duthiella flaccida* (Cardot) Broth.

采集号｜ CBLXH0034，CBLXH0311，CBLXH0486

植物体纤细至中型，柔软，常成片交织生长，黄绿色、浓绿色至暗绿色，无光泽。主茎匍匐，不规则羽状分枝，茎、枝较扁平被叶。叶干时常平展，茎叶、枝叶近同形，卵状披针形，先端钝尖至渐尖，叶缘平展，具细齿，中肋单一，达叶上部。叶中部细胞长菱形至长六角形，壁厚，具成列细疣，叶角区细胞近矩形。雌雄异株。孢子体不甚常见。保护区内收集的样本中暂未见孢子体。

常生于山地林区较荫蔽湿润处的岩面和岩面薄土上，有时也生于水泥石阶等人工基质上，保护区内见于三角塘自然教育径溪畔。主要分布于东亚、南亚和东南亚，我国南方地区数省区可见。

A 野外生境照
B 野外生活照
C 配子体特写

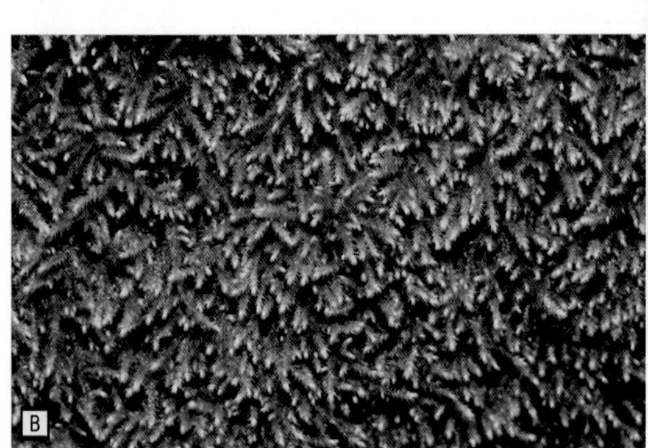

（4）假丝带藓 *Floribundaria pseudofloribunda* M. Fleisch.

采集号｜ cblzd0160，cblzd0066，cblzd0107，cblzd0153，cblzd2021212，cblzd2021242，cblzd2021244，CBLXH0010，CBLXH0013，CBLXH0025，CBLXH0064，CBLXH0091，CBLXH0312，CBLXH0313，CBLXH0323，CBLXH0328，CBLXH0340，CBLXH0371，CBLXH0382，CBLXH0466，CBLXH0468

植物体略纤细至中等大小，常交织丛生，浅绿色至黄绿色，新鲜时微具光泽，干后无光泽。主茎匍匐，不规则分枝，支茎或分枝常倾立，支茎有时可形成平展的近羽状，茎、枝扁平被叶。茎叶基部卵形至阔心形，上部渐成线状披针形尖，角区下延，叶边具细齿，中肋纤细，长达叶中上部或更短。枝叶窄小，叶缘具细齿，中肋短弱。叶中部细胞线状菱形至短线形，多具单疣，有时具2疣，角区细胞呈或长或短的矩形。孢子体侧生于枝上，蒴柄短，长不及2 mm，孢蒴卵形，深褐色。保护区内收集于5月的样本中可见雌苞，但无成熟孢子体。本种在保护区内较为常见。

常生于亚热带山地林区的树干、树枝和岩面上，也可生于人工基质上，保护区内见于三角塘自然教育径、管理局往松树坑方向的沿途、松树坑和单竹坑，着生于树干、乔灌木枝、枯枝、叶面和水泥等非常多元的基质上。分布于东亚、东南亚及南亚，我国广西、贵州、台湾和重庆等地有记录。

A 野外生活照，示水泥基质上的群体
B 野外生活照，示生于树枝上的群体
C 配子体特写

蔓藓科

（5）东亚蔓藓 *Meteorium atrovariegatum* Cardot & Thér.

采集号｜ CBLXH0462-2

植物体中型，硬挺，常悬垂生长，深绿色至黄褐色，枝基部常褐色至黑色，几无光泽。主茎匍匐，支茎常不规则羽状分枝，茎、枝上密集覆瓦状被叶，枝圆条形。茎叶卵状披针形或偶三角状披针形，具明显纵褶，先端渐尖至长渐尖，基部圆钝或有时耳状，略波曲，叶缘中上部具细齿，中肋单一，达叶上部。叶中部细胞长卵形至长菱形，壁厚，具明显单疣，耳部细胞弧形排列。枝叶与茎叶近似，但更为狭长。雌雄异株。蒴柄长不及1 cm，密被疣，孢蒴直立，卵形至长卵形，蒴盖锥形，具长喙。保护区内收集的样本中暂未见孢子体。

常生于山地林区的石壁、树干、树枝及腐木上，也生于人工基质上，保护区内见于自然学校附近荫蔽水泥边坡上。分布于中国和日本，我国主要见于东部季风区多省区。

A 野外生活照

B 配子体特写

（6）蔓藓 *Meteorium polytrichum* Dozy & Molk.

采集号｜ cblzd2021306，CBLXH0283，CBLXH0406

植物体中型至粗大，不甚硬挺，常悬垂生长，绿色、黄绿色至黄褐色，枝基部常为黑色，略具光泽。主茎匍匐，支茎不规则羽状分枝，茎、枝上密集覆瓦状被叶，枝呈鲜明的圆条形，有时弯曲。茎叶、枝叶近似，下部长椭圆形、长卵形至阔卵形，肩部骤狭为或长或短的毛尖，显著内凹，具纵褶，叶基圆钝至耳状，耳部常波曲，叶缘上部有时具细齿，中肋单一，达叶上部。叶中部细胞线状长菱形至线形，壁厚具孔，单疣，耳部细胞弧形排列。雌雄异株。孢子体生于枝上，蒴柄长不及1 cm，上部被疣，孢蒴直立，卵形至长卵形。该种为个体大型、外观极具代表性、分布较为广泛的蔓藓属植物。

常生于山地林区，悬垂于树干、树枝上，或附着于岩面上，也出现在水泥等人工基质上，保护区内见于自然学校附近及企岭下村至尖峰崀（长坑顶）方向的沿途。分布于东亚、南亚、东南亚、大洋洲及太平洋岛屿，我国南方地区多省区广布。

A 野外生活照，示生境

B 配子体特写

（7）鞭枝新丝藓 *Neodicladiella flagellifera* (Cardot) Huttunen & D. Quandt

采集号｜ cblzd0060，cblzd0040，cblzd2021108，cblzd2021241，cblzd2021279，cblzd2021359，CBLXH0079，CBLXH0353，CBLXH0437

植物体纤细，交织丛生至悬垂生长，鲜绿色、黄绿色或暗绿色，略具光泽。主茎匍匐，纤长，支茎基部扁平被叶，向上渐为细长且悬垂的鞭状枝，分枝短小，先端锐尖至渐尖。茎叶贴生或斜展，基部椭圆状卵形至三角形，内凹，叶基窄，向上渐尖至长披针形尖，叶边全缘或疏具微齿，中肋达叶上部。叶中部细胞线形，具单个细疣。叶角区细胞近方形，壁厚具孔。支茎及分枝基部叶扁平斜展，叶形与茎叶近似但中肋略弱。鞭枝叶更为窄小，先端具纤长、扭曲的毛尖。蒴柄长仅达3 mm，孢蒴椭圆柱形。保护区内收集的样本中暂未见孢子体。本种为相对常见、纤细的悬垂种类，但保护区内本种不及拟悬藓多见。

常生于山地林区或溪谷等较为湿润环境中的树枝、灌丛枝、腐木、枯枝乃至叶面上，保护区内见于三角塘自然教育径和管理局往松树坑方向的沿途。分布于东亚、东南亚和南亚，我国南方地区多省区可见。

野外生活照，植株枝茎上部已形成渐细的鞭状枝，但尚未呈悬垂状态

（8）小扭叶藓 *Trachypus humilis* Lindb.

采集号｜ CBLXH0241，CBLXH0282

植物体纤小，常密集成片生长，黄绿色、绿色至浓绿色，无光泽。支茎常密集羽状分枝，有时具易折的鞭状枝。茎叶干时贴生，湿时平展，卵状披针形，平展或略具纵褶，叶缘具细齿，有时略内卷，中肋单一，达叶中部。枝叶小于茎叶，中肋常更短弱。叶中部细胞长六角形至线形，胞壁具细密疣，叶缘细胞不分化。角区较小，细胞近方形至矩形。保护区内收集的样本中暂未见孢子体。本种个体较小，在野外不引人注目，但显微镜下可凭借叶形及细胞上疣着生的状态快速识别。

常生于山地林区的树干或岩面上，保护区内见于自然学校附近及黄竹山附近。分布于东亚、南亚、东南亚、大洋洲及太平洋岛屿，我国南方地区及青藏地区多省区可见。

A 配子体特写

B 野外生活照，示群体

蔓藓科

25. 金灰藓科 Pylaisiaceae

（1）平叶偏蒴藓 *Ectropothecium zollingeri* (Müll. Hal.) A. Jaeger

采集号｜ cblzd0143，cblzd2021166，CBLXH0123

植物体黄绿色或暗绿色，无光泽。茎匍匐，假鳞毛小叶状，不规则分枝或羽状分枝。茎叶卵圆状披针形，长1～1.5 mm，宽0.35～0.5 mm，尖端急尖，常不对称，中肋2，呈叉状，有时不明显。叶中部细胞狭长线形，平滑或具前角突。角细胞常具2～8个较大型的无色透明细胞。枝叶小于茎叶。蒴柄长1～1.3 cm。孢蒴平列或倾垂，卵圆柱形。

生于林下树基、树干或腐木上，亦见于沟边岩面上。保护区内见于单竹坑口和大坑口等地。亚洲和大洋洲有分布，我国主要分布于西藏和南方地区。

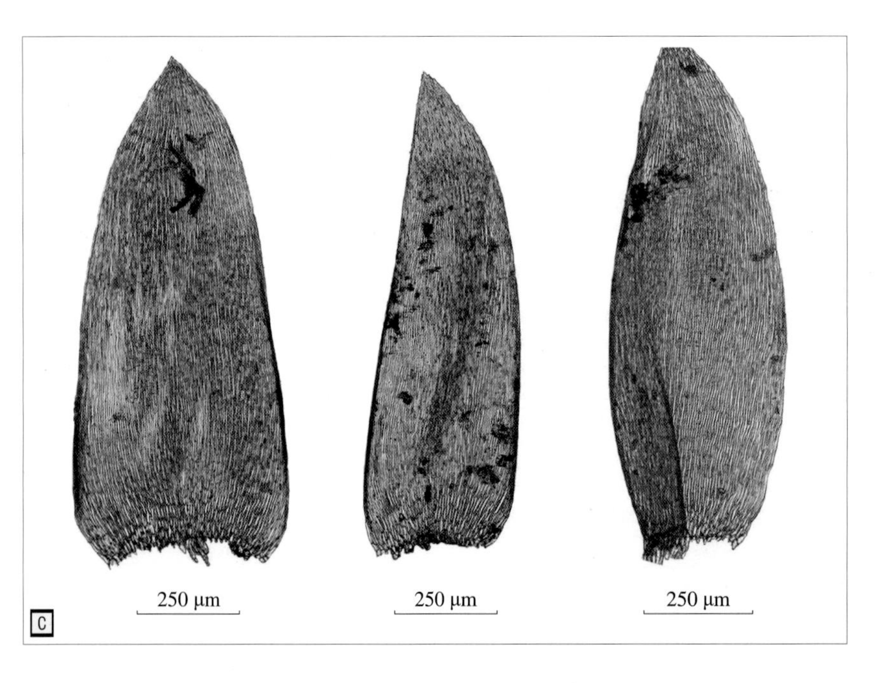

A 野外生活照（1）
B 野外生活照（2）
C 叶

(2)长蒴大灰藓 *Calohypnum macrogynum* (Besch.) Jan Kučera & Ignatov

采集号｜ cblzd0075

植物体较粗壮，有时具光泽。茎横切面皮层细胞壁厚，横切面3层，黄褐色，中部细胞较大，细胞壁较厚，具壁孔，中央具中轴分化，规则稀疏羽状分枝。茎叶镰刀状弯向一侧，阔椭圆状披针形，渐尖，叶基具纵褶，长约1.7 mm，中肋2，短弱。角细胞分化不明显，仅由1列较大且透明的细胞和近边缘的小方形细胞组成。枝叶小于茎叶，下部边缘常背卷，角细胞分化不明显。蒴柄长可达4.7 cm。孢蒴倾立，圆柱形，长约4 mm。

喜生于薄土上。保护区内见于松树坑。分布于中国、印度、尼泊尔、不丹和缅甸，我国西藏、四川、贵州、云南、山西、江西、福建和广东等地可见。

A 野外生活照
B 茎叶
C 枝叶

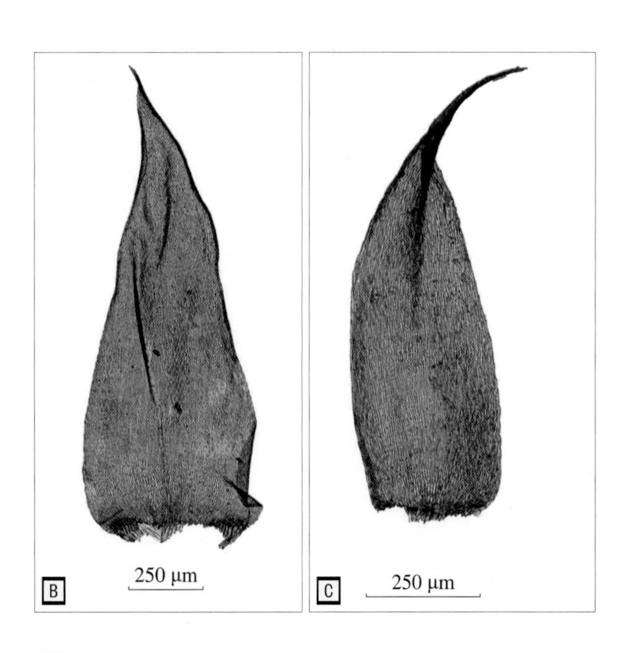

（3）大灰藓 *Calohypnum plumiforme* (Wilson) Jan Kučera & Ignatov

采集号｜cblzd2021171，cblzd2021331，cblzd0069，cblzd2021025，cblzd2021113，cblzd0087，CBLXH0295，CBLXH0247

植物体大型，黄绿色或绿色。茎匍匐，长可达10 cm，皮层细胞壁厚，中轴稍发育，规则或不规则羽状分枝。茎叶基部近心形或阔椭圆形，向上呈阔披针形，渐尖，尖端向一侧弯曲，长1.8～3 mm，上部具纵褶，中肋2，细弱。叶细胞狭长线形，壁厚，具壁孔。角细胞大，壁薄，透明，无色或带黄色。枝叶与茎叶同形，但小于茎叶。孢蒴基部狭窄，弓形弯曲。本种分布极广，变异较大，主要区别特征为叶片宽，叶尖较短。

广泛生长于草地、土面、岩面薄土、树干、树基及腐木等生长基质上，保护区内见于大坑口、张都坑、松树坑、鹿子洞、企岭下村和车八岭等地。世界广布，我国大部分省区有分布。

A 野外生活照
B 茎叶
C 茎叶基部，示角细胞
D 叶中部细胞

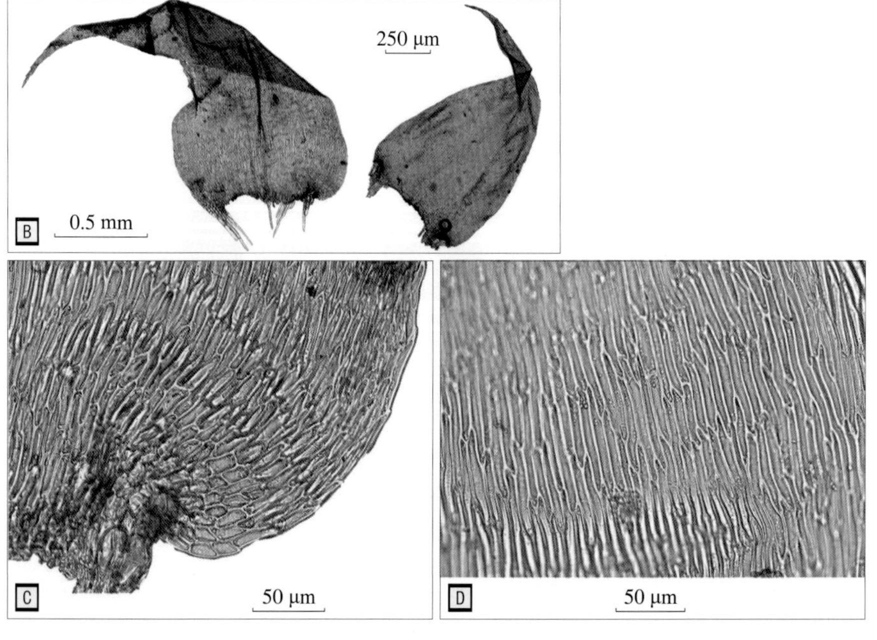

（4）明叶藓 *Vesicularia montagnei* (Bél.) Broth.

采集号 | cblzd0035，cblzd0036，cblzd0082，cblzd2021027

植物体中等大小，亮绿色或深绿色。茎匍匐，扁平，不规则分枝或近于羽状分枝。叶阔卵圆形至卵圆形，具短尖，长0.9～1.2 mm。叶边全缘，无中肋。叶中部细胞扁六角形，壁薄，叶缘具1列狭菱形细胞。孢蒴垂倾，长卵圆形。

喜生于湿润树干或岩面上。保护区内见于三角塘、车八岭和鹿子洞等地。分布于亚洲、大洋洲和非洲，我国见于西藏、云南、广西、四川、江西、湖南、香港、澳门和台湾等地。

A 野外生活照
B 叶

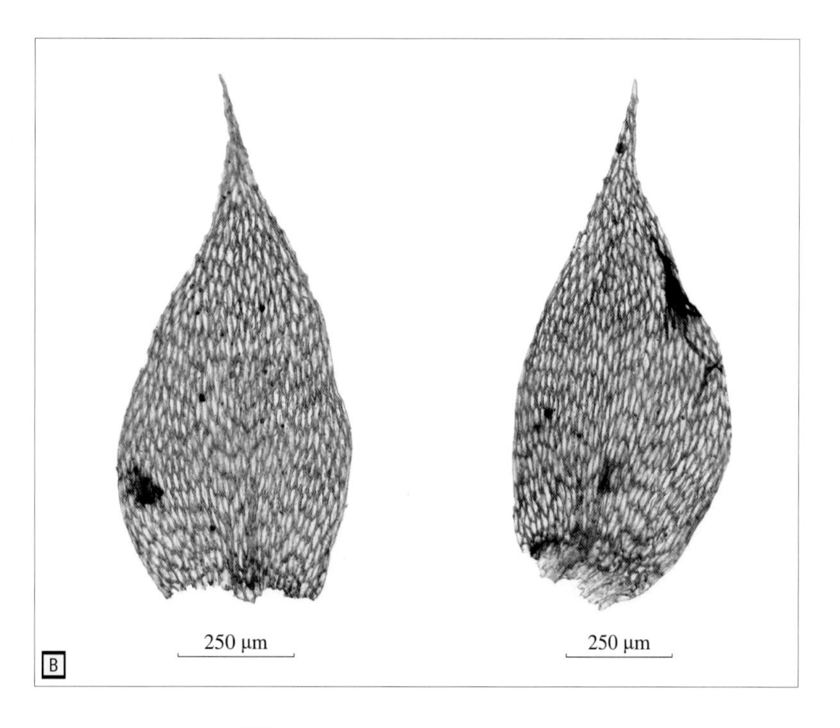

（5）长尖明叶藓 *Vesicularia reticulata* (Dozy & Molk.) Broth.

采集号｜ cblzd2021206，cblzd2021114，cblzd2021233，CBLXH0432，CBLXH0433

植物体黄绿色或暗绿色，多少具光泽。茎匍匐，密羽状分枝。茎叶阔卵圆形，长1.3～1.8 mm。具长尖，上部边缘具细齿，中肋短而细弱。叶中部细胞椭圆状六角形或菱状六角形，壁薄，边缘有1列狭长形细胞。枝叶与茎叶相似。本种与明叶藓的主要区别是叶尖较长。

喜生于林下土壤、石壁或树干基部及腐木等基质上。保护区内见于单竹坑口、企岭下村和松树坑等地。分布于亚洲，我国主要分布于东部季风区及西藏。

A 野外生活照
B 孢蒴
C 叶

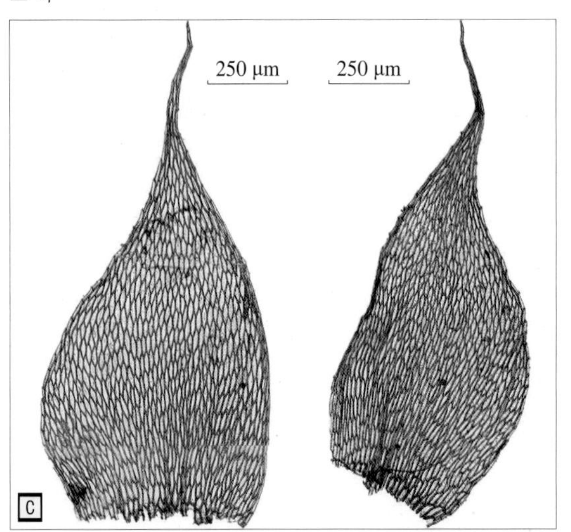

26. 灰藓科 Hypnaceae

（1）长喙拟腐木藓 *Callicladium fujiyamae* (Broth.) Jan Kučera & Ignatov

采集号｜ cblzd2021087，cblzd2021275

植物体粗壮，黄绿色或黄褐色，疏松生长。茎匍匐，长达15 cm或更长，皮层细胞壁厚，中轴稍发育，不规则分枝或羽状分枝，分枝常扁平。茎叶镰刀状偏向一侧，三角状披针形或卵圆状披针形，渐尖，长可达2.3～3 mm或更长，具纵褶。叶尖具细齿，叶边缘下部有时背卷，中肋2，短弱。叶角细胞大型、壁薄，无色或带褐色，内部细胞壁厚，红褐色。枝叶较小。孢蒴褐色，近于直立或倾斜，长圆柱形。蒴盖具长喙。

喜生于石头或树干上。保护区内见于饭池嶂和企岭下村。分布于中国、日本和朝鲜，我国见于河南、福建。

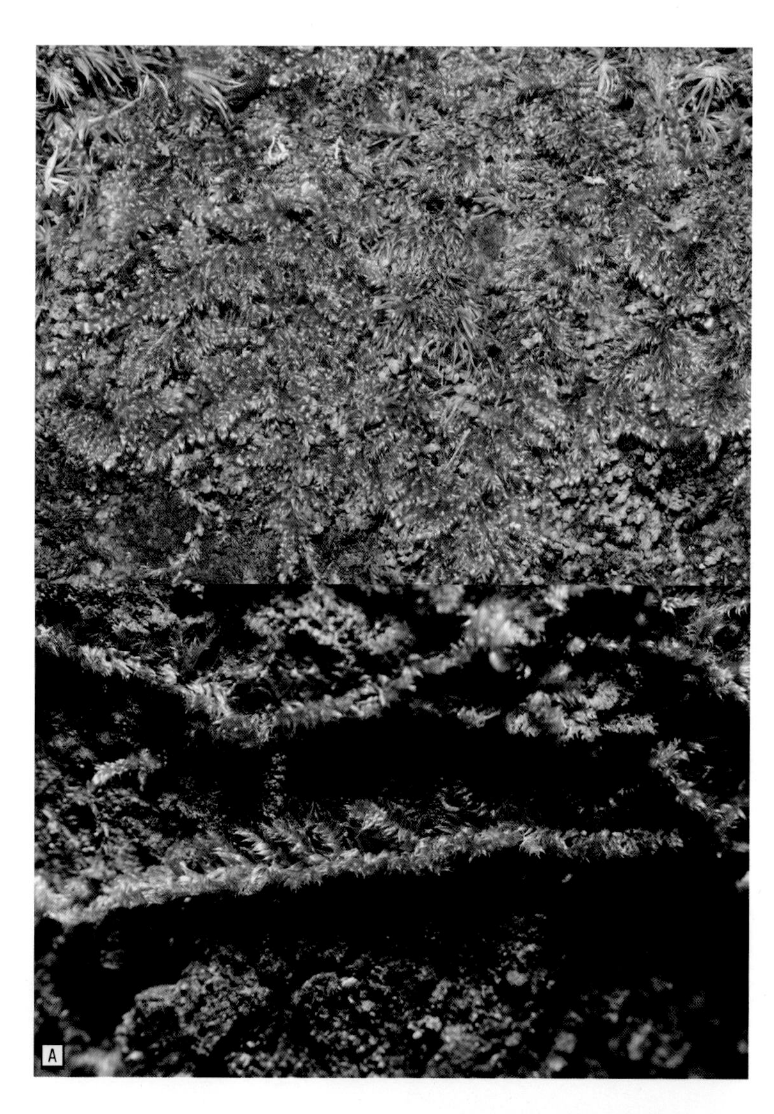

A 野外生活照
B 茎叶
C 枝叶

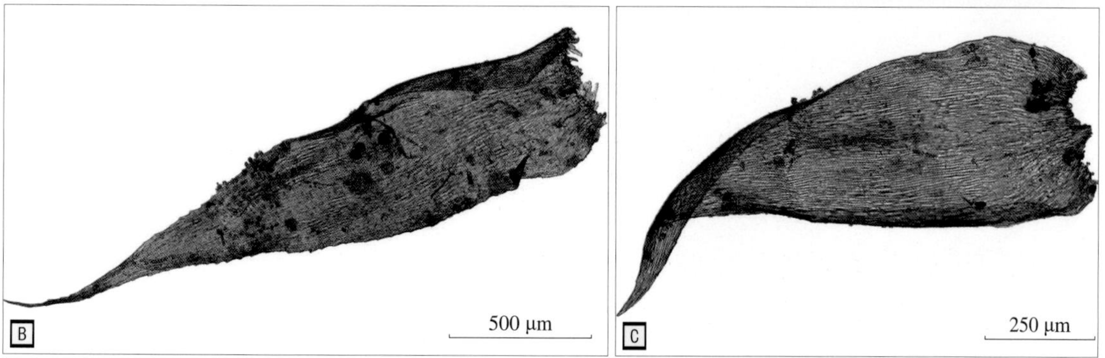

（2）东亚拟鳞叶藓 *Pseudotaxiphyllum pohliaecarpum* (Sull. & Lesq.) Z. Iwats.

采集号｜cblzd2021262，cblzd2021002，cblzd2021022，cblzd2021048，cblzd2021043，cblzd2021075，cblzd2021121，cblzd2021140，cblzd2021179，cblzd2021182，CBLXH0436，CBLXH0240，CBLXH0398

植物体较大，淡绿色，通常带红色，具光泽。茎枝扁平，无假鳞毛。叶片阔卵圆形，尖端短宽，渐尖，上部边缘具细齿，无中肋或2短肋。叶尖细胞较短，中部细胞狭长，壁薄。叶基部细胞长方形或近狭长形，角细胞不分化。叶腋处具簇生无性芽胞，芽胞细长、扭卷，顶端有2～4个细胞突起。孢蒴具较长台部。本种植物体常呈紫红色，叶腋具长形芽胞，在野外及显微镜下均易于识别。

喜生于林下土面、腐殖质土或岩面上。保护区内分布范围广，林下常见。分布于中国、日本、越南和老挝，我国见于除西北地区外的大部分省区。

A 野外生活照
B 野外生活照部分放大，示叶腋密生芽胞
C 叶形
D 芽胞形态

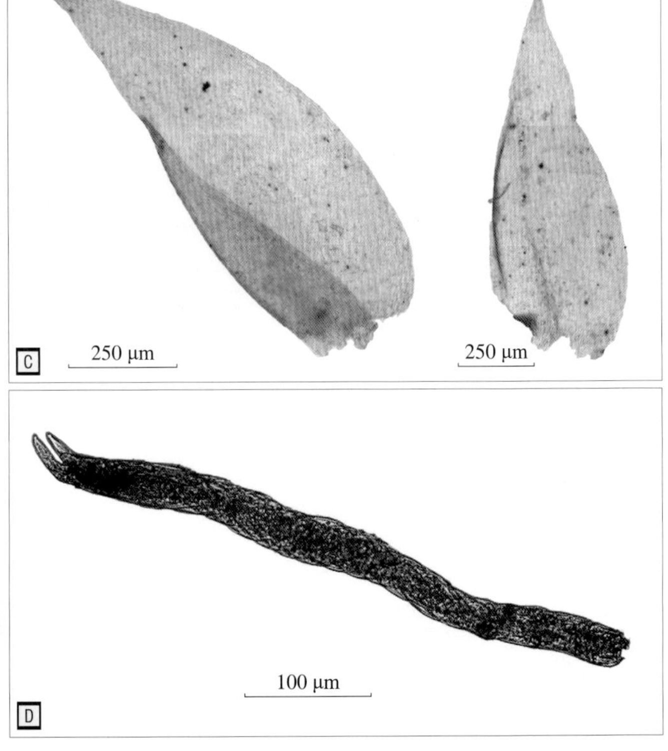

27. 鳞叶藓科 Taxiphyllaceae

（1）拟灰藓 *Hondaella caperata* (Mitt.) B. C. Tan & Z. Iwats.

采集号｜CBLXH0543

植物体中型，常密集丛生为垫状，黄绿色，具鲜明光泽。主茎匍匐，不规则近羽状分枝，茎、枝密集被叶，呈圆条形。茎叶干时略镰刀状弯曲，长椭圆状披针形、长三角状披针形至披针形，具纵褶，先端长渐尖，叶边全缘，中肋2，短弱。枝叶与茎叶形似。叶中部细胞线形，叶角区分化鲜明，轮廓常三角形，角细胞近方形。保护区内收集的样本中暂未见繁殖结构。本种不甚常见，外观颇似锦藓科植物，显微镜下易以叶形和角区特征辨识。

常生于山地林区树干或腐木上，保护区内见于管理局往松树坑方向沿途溪流中的倒木上。分布于东亚，我国南北多省区可见。

A 野外生活照

B 叶

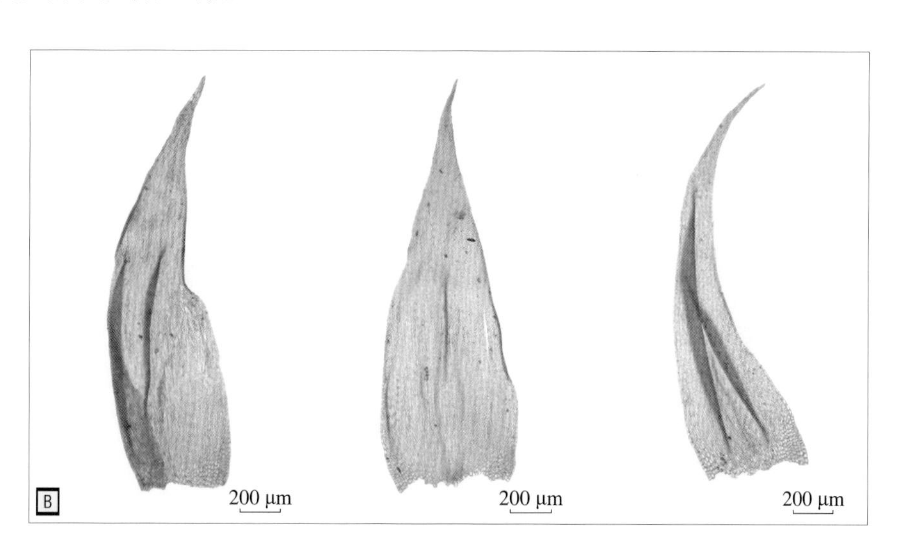

（2）钝头鳞叶藓 *Taxiphyllum arcuatum* (Bosch & Sande Lac.) S. He

采集号｜ cblzd2021204，CBLXH0300，CBLXH0441

植物体小型，黄绿色或淡绿色，稍具光泽。初生茎匍匐，支茎不规则分枝或近羽状分枝，假鳞毛小，披针形。叶扁平密集，覆瓦状排列，长椭圆形，长约1.2 mm，尖部圆钝，两侧明显不对称，中肋短，2或基部叉状。叶中部细胞狭长线形，下部细胞较短，角细胞不分化。本种外形与平藓科种类有些相似，但叶细胞狭长与其相区别。

喜生于树干上。分布于保护区内博物馆附近。分布于中国、日本、印度尼西亚和泰国，我国主要见于西藏、四川和东部季风区。

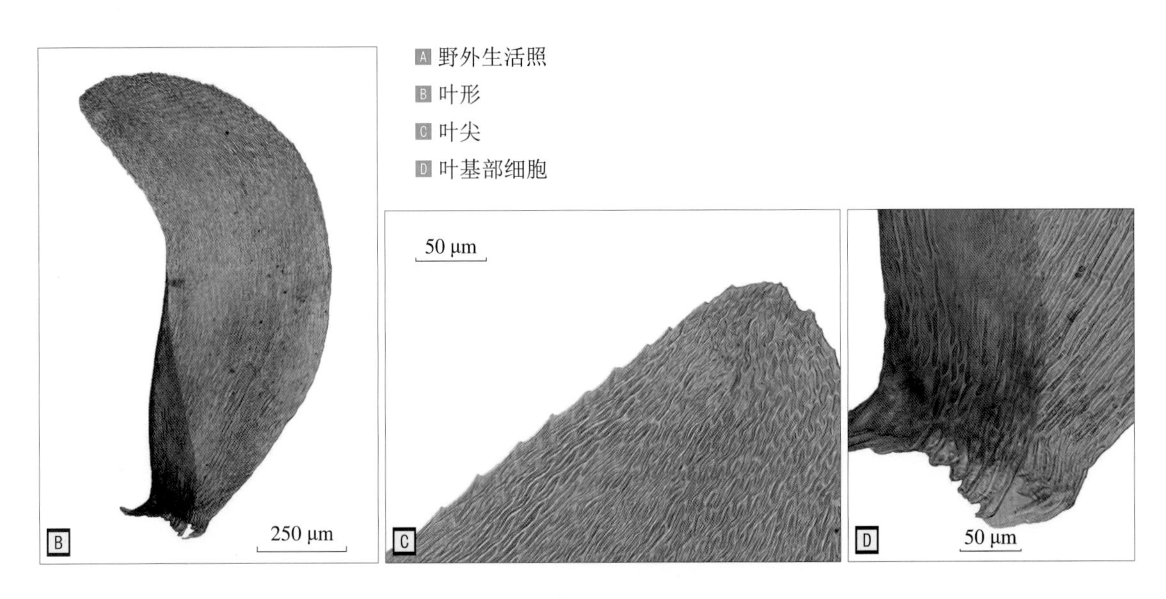

A 野外生活照
B 叶形
C 叶尖
D 叶基部细胞

（3）鳞叶藓 *Taxiphyllum taxirameum* (Mitt.) M. Fleisch.

采集号｜ cblzd0083，CBLXH0299，CBLXH0097

植物体中等大小，黄绿色或黄褐色，稍具光泽。茎匍匐，分枝少，假鳞毛三角形。叶片2列扁平排列，斜向伸展，卵圆状披针形，先端宽，渐尖，两侧略不对称，叶边具细齿，中肋2，短弱或不明显。叶中部细胞线形或狭长菱形，角细胞方形或长方形。

生于林下土面、岩面，亦分布于树干或腐木上。保护区内见于车八岭。分布于亚洲、美洲，澳大利亚也有分布，我国大部分省区可见。

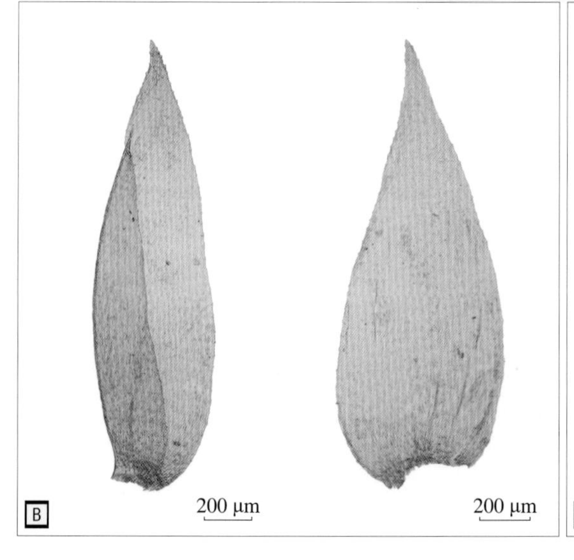

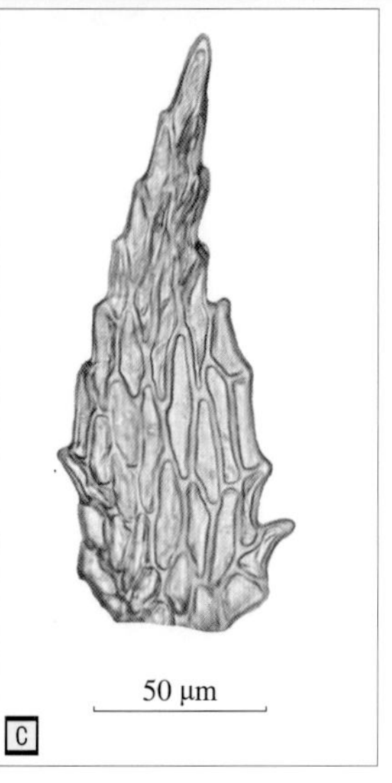

A 野外生活照
B 叶
C 假鳞毛

28. 毛锦藓科 Pylaisiadelphaceae

（1）曲叶小锦藓 *Brotherella curvirostris* (Schwägr.) M. Fleisch.

采集号｜ cblzd2021285

植物体大型至粗壮，垫状生长。主茎匍匐，连叶宽约2 mm，羽状或近羽状分枝。茎叶宽卵圆形，长约1 mm，宽约0.75 mm，基部最宽，尖部强烈弯曲。枝叶卵状披针形，渐成长尖，长超过1 mm，宽约0.5 mm，弯曲。叶下部边缘全缘，尖部具少而小的齿。叶细胞狭椭圆形至线形。角细胞具色泽，多膨大。羽状分枝和叶尖部强烈弯曲为本种重要识别特征。

生于石壁或树干上。保护区内见于企岭下村。分布于东南亚及喜马拉雅地区，中国、印度也有分布，我国西藏、贵州、四川、云南和湖北等地可见。

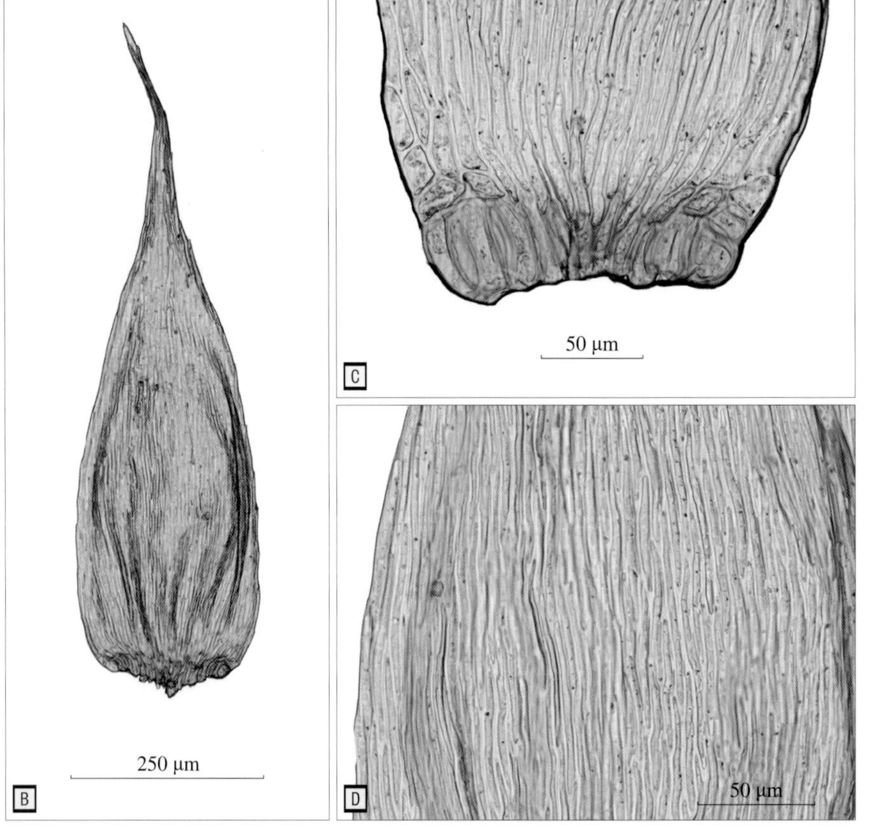

A 野外生活照
B 叶形
C 叶基部角细胞
D 叶中部及边缘细胞

（2）南方小锦藓 *Brotherella henonii* (Duby) M. Fleisch.

采集号｜ cblzd2021061，cblzd2021292

植物体黄棕色，垫状生长。茎匍匐，近于羽状分枝，枝条短，平展。茎叶具光泽，直立外倾，长约2 mm，椭圆状披针形，先端收缩成或长或短的尖，直立或稍弯曲，叶尖具细齿。枝叶较茎叶窄，长约1.75 mm。叶细胞线形，角部细胞膨大，具色泽。本属中该种体形相对较大。

常生于石头或树干上。保护区内见于叶坑尾和企岭下村。分布于中国、日本和朝鲜，我国见于西藏及南方地区。

A 野外生活照
B 叶形
C 叶中部细胞

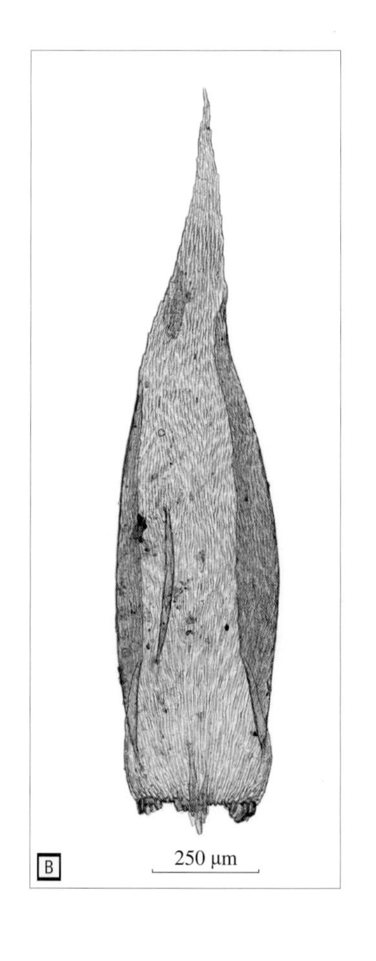

（3）小粗疣藓 *Fauriella tenerrima* Broth.

采集号｜ cblzd2021126，cblzd2021280，cblzd2021354，CBLXH0388

植物体纤细，常成片生长，淡绿色，具光泽。茎匍匐，不规则稀疏分枝，枝条先端叶疏生，几不相接。叶片卵形内凹，具短尖，叶边因细胞突出而形成明显细齿。中肋缺失。叶细胞阔菱形，细胞背面具单一大高疣，基部细胞较短，长方形，角部细胞短方形。

喜生于树干上。保护区内见于企岭下村。分布于中国和日本，我国主要分布于南方地区。

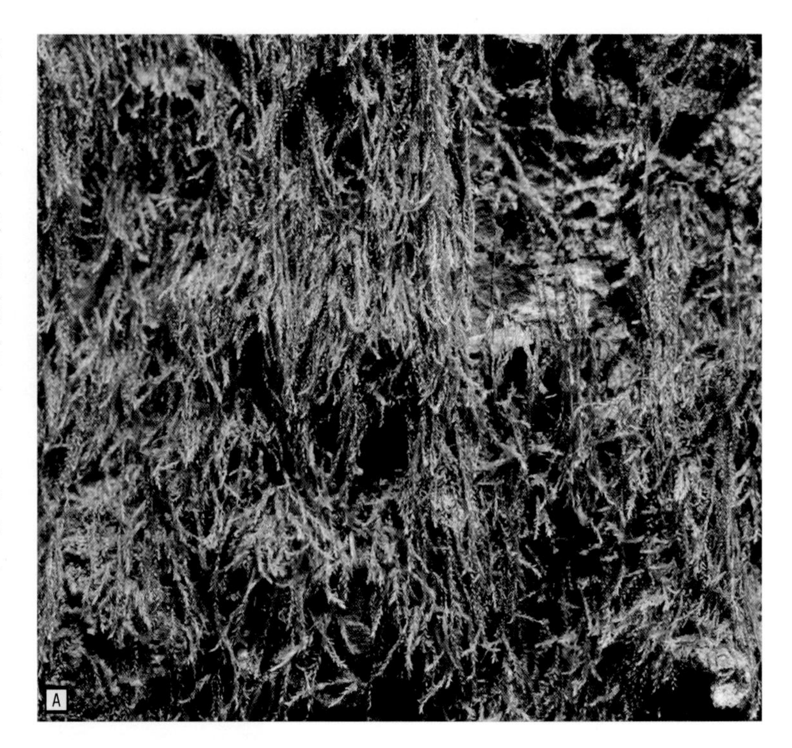

A 野外生活照
B 枝条局部特写
C 叶放大，示细胞具高疣

（4）狭叶厚角藓 *Gammiella tonkinensis* (Broth. & Paris) B. C. Tan

采集号 | CBLXH0380

植物体黄绿色，具光泽，垫状生长。茎、枝长而细，长可达3 cm。枝叶扁平，披针形，长1～1.5 mm，宽0.1～0.3 mm，渐尖，叶边平展，具微齿或近全缘。叶细胞长菱形至线形，两端锐尖。角细胞多数，长方形，壁厚，形成有色的同形细胞群。

喜生于土面或岩石上，保护区内见于松树坑。分布于中国、日本和东南亚，我国见于广西、云南、江西、广东、香港和台湾。

A 野外生活照（1）
B 野外生活照（2）

（5）纤枝同叶藓 *Isopterygium minutirameum* (Müll. Hal.) A. Jaeger

采集号｜ cblzd2021053，cblzd2021055，CBLXH0445

植物体纤细，淡绿色或黄绿色。茎匍匐，多分枝或规则羽状分枝，假鳞毛丝状。叶披针形，先端具狭长渐尖，长约1 mm，宽约0.25 mm，两侧对称，叶边全缘，中肋退失。叶中部细胞狭长线形，长80～90 μm，宽4～4.5 μm，壁薄。基部细胞长方形或近方形，角细胞分化不明显。孢蒴下倾，长圆柱形，具蒴台。

喜生于树干、树枝、腐木上，亦见于岩面及土上。保护区内见于叶坑尾。分布于东亚、南亚和东南亚，我国西藏及南方地区可见。

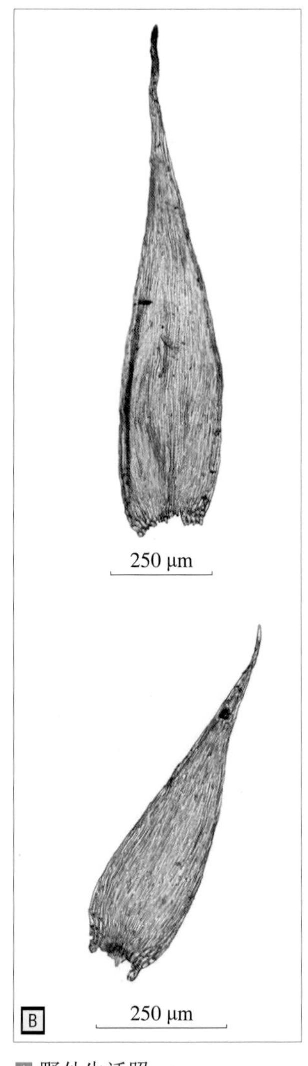

A 野外生活照
B 叶片

（6）芽胞同叶藓 *Isopterygium propaguliferum* Toyama.

采集号 | CBLXH0320

植物体黄绿色或绿色，具光泽。茎匍匐，近羽状分枝，分枝较短，直立或倾立，枝顶常具丛生芽胞，芽胞粗棒状。叶直立开展，卵圆形或卵状披针形，上部突趋狭呈细尖，长1 mm以下，叶边具细齿，无中肋。叶中部细胞狭长线形，壁厚，有壁孔。角细胞小，长方形或长圆形。

喜生于腐木或树皮上。保护区内见于三角塘。分布于中国、日本和越南，我国见于广西、云南、福建、海南、江西等地。

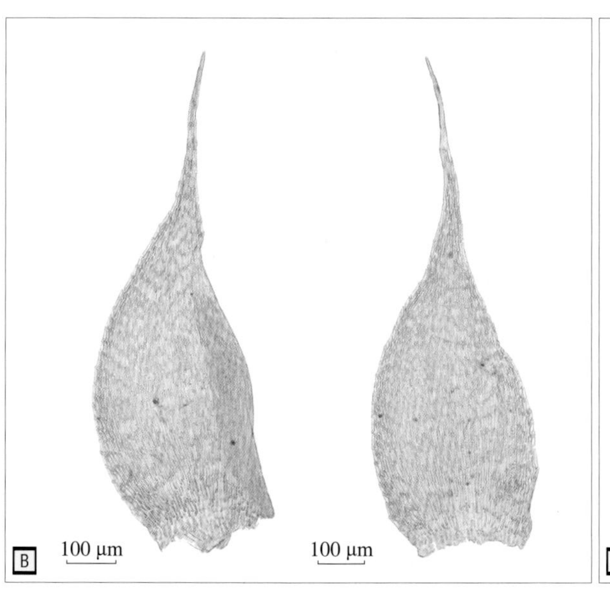

A 野外生活照(1)
B 叶
C 着生芽胞的小枝放大

（7）短叶毛锦藓 *Pylaisiadelpha yokohamae* (Broth.) W. R. Buck

采集号｜ cblzd2021083，cblzd2021109，cblzd2021130，CBLXH0388

植物体小型，绿色，具光泽，垫状生长。分枝稀少且不规则。叶直立或稍弯曲，披针形，长不及 1 mm，具长尖，内凹，叶边平展。叶细胞椭圆形至短纺锤形，叶片角部呈三角形，角细胞数较少，不达中肋。附属细胞膨大，具色泽，常透明。条形芽胞由长方形细胞组成，壁厚，棕色，具疣，生于叶腋。

生于岩面、土面或腐木上。保护区内见于企岭下村，我国主要分布于西藏及东部季风区。

A 野外生活照
B 枝叶
C 叶基部细胞

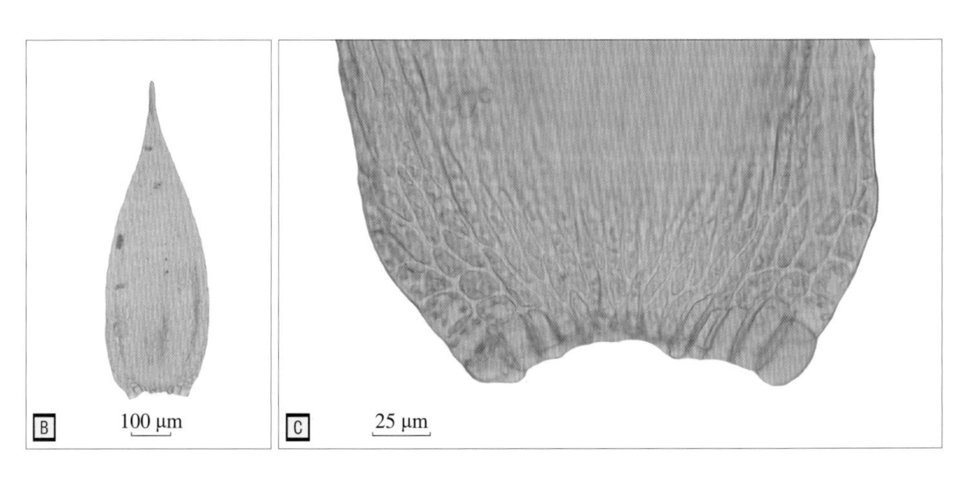

29. 锦藓科 Sematophyllaceae

（1）鞭枝藓 *Isocladiella surcularis* (Dixon) B. C. Tan & Mohamed

采集号｜ cblzd2021009，CBLXH0334

植物体小型。茎长而匍匐，近羽状分枝，假鳞毛线形，枝条密生，直立，穗状或平展，有多数具尾状的鞭状枝。枝叶阔卵圆形，锐尖，明显内凹，两侧对称，叶边全缘，中肋极短或缺失。叶中部细胞线状纺锤形，平滑或具弱疣。角部细胞大型，常褐色。鞭枝细，叶小，细长披针形，常具单列细胞形成的长毛尖。

常见于树干上。保护区内见于鹿子洞。分布于东亚、东南亚，我国主要见于南方地区。

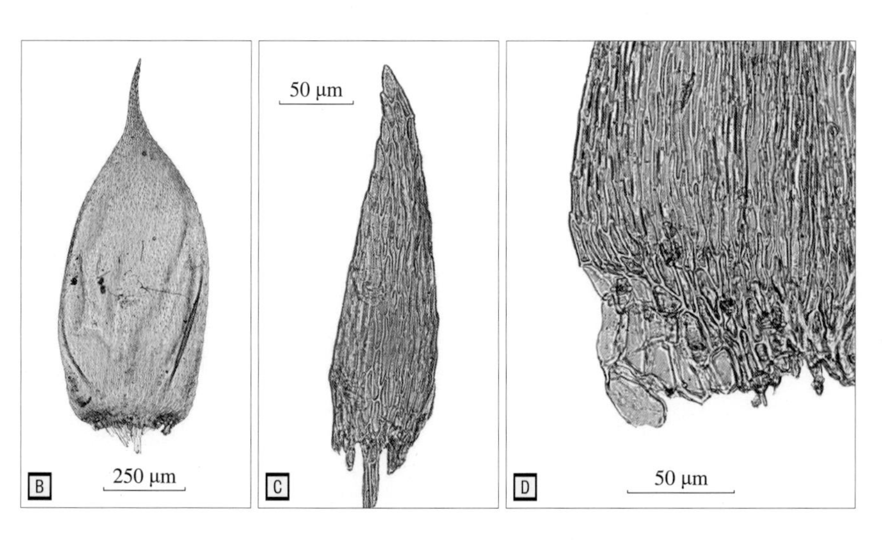

A 野外生活照
B 营养枝叶形
C 鞭状枝叶形
D 叶基部细胞
E 叶中部细胞

（2）矮锦藓 *Sematophyllum subhumile* (Müll. Hal.) M. Fleisch.

采集号｜cblzd2021080，cblzd2021183，cblzd2021277，cblzd0151，cblzd2021110，cblzd2021189，CBLXH0248，CBLXH0297，CBLXH0310，CBLXH0384，CBLXH0465，CBLXH0530

植物体较纤细至中型，常簇生为垫状，嫩绿色、绿色或黄绿色，具光泽。主茎匍匐，不规则稀疏分枝，枝干时常弯曲。叶干时贴茎，常侧偏同一方向，湿时倾立。茎、枝叶近同形，长椭圆状披针形至披针形，多少内凹，先端锐尖至渐尖，叶边全缘或仅在近先端处具微齿，中肋不明显。叶细胞壁略加厚，常具壁孔，中部细胞长线形，近先端细胞常菱形、长椭圆形至短线形。叶角区由1列位于基部的大型近长方形细胞和数列位于其上部的短矩形细胞组成。雌雄同株。蒴柄长1.5 cm以内，孢蒴倾立至平列，卵形至椭圆形，干时口部收缩，蒴壁细胞角隅强烈加厚。蒴盖具长喙。保护区内收集于5月的样本中可见成熟孢子体。本种为华南低地较常见的锦藓属种类。

常生于林地或受人类活动干扰环境中的树干和岩面上，保护区内见于管理局院内、博物馆附近、三角塘自然教育径、黄竹山矿山附近及往坳背坑方向的沿途，可生于苏铁茎上，果园树干、树枝上，林下或林缘的树枝、腐木和湿润石面等多种生境基质上。分布于东亚、东南亚、南亚、大洋洲、东非及太平洋岛屿，我国南方地区多省区广布。

A 野外生境照
B 野外生活照，示成熟孢子体
C 野外生活照，示湿润状态下的配子体

（3）垂蒴刺疣藓 *Trichosteleum boschii* (Dozy & Molk.) A. Jaeger

采集号 | cblzd2021135

植物体大小变异较大，黄绿色至绿色，低矮丛生，具光泽。茎不规则分枝，长达10 mm，疏松被叶。茎叶和枝叶倾立，卵状至椭圆状披针形，长1～1.5 mm，宽0.25～0.5 mm，内凹，先端多急尖，下部边缘平展，上部外卷，叶尖具微齿至锯齿。叶细胞菱状线形，壁薄至厚，略具壁孔，具疣。角细胞膨大，无色或有光泽。

生于树干和岩面上，保护区见于企岭下村。我国主要分布于南方地区。

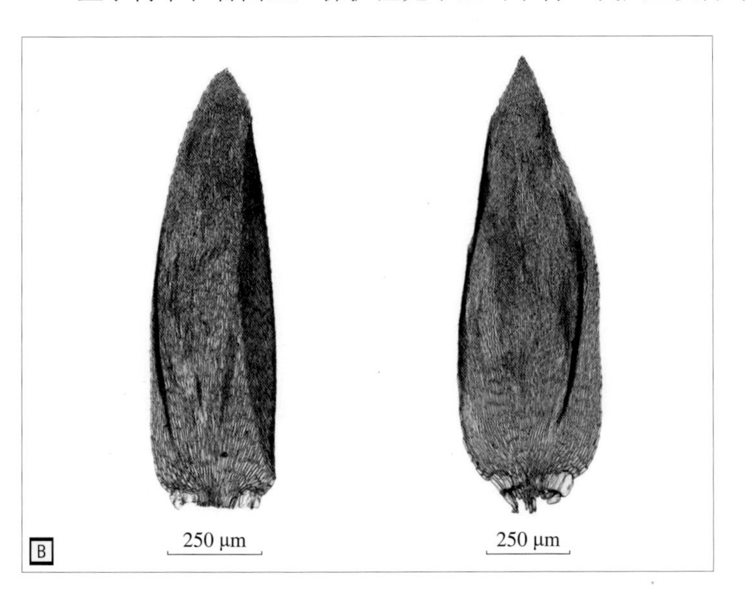

A 野外生活照
B 叶片

（4）长喙刺疣藓 *Trichosteleum stigmosum* Mitt.

采集号 | cblzd0115，cblzd0127，CBLXH0440，CBLXH0535

植物体较纤细，常平贴基质成片交织丛生，黄绿色至浅绿色，无光泽。主茎匍匐，不规则分枝至近羽状分枝，密集被叶。茎、枝叶近同形，叶椭圆状披针形，多少弯曲，明显内凹，先端长渐尖，叶缘平展，上部具微齿。叶细胞纺锤形至线形，壁厚，中部具鲜明单疣。角细胞常为2个大型薄壁细胞。雌雄同株。蒴柄长1 cm左右，孢蒴卵形，下垂，蒴壁细胞角隅加厚。蒴盖具长喙。保护区内采集于5—7月的样本中可见成熟孢子体。

常生于山地林区、溪谷中树干、倒木、腐木上或偶见于岩面上，保护区内见于三角塘自然教育径和往坳背坑方向的沿途。分布于东亚、东南亚和大洋洲，我国南方地区数省区可见。

A 野外生活照，示群体及孢子体

B 配子体特写

30. 塔藓科 Hylocomiaceae

毛叶梳藓 *Ctenidium capillifolium* (Mitt.) Broth.

采集号｜ cblzd2021072，cblzd2021068，cblzd2021150，cblzd2021167，cblzd2021176

植物体较粗壮，淡黄绿色。茎匍匐或略上升，羽状分枝或近羽状分枝，分枝密集，倾立。茎叶直立，卵圆状披针形或三角状披针形，长渐尖，长1.6～2 mm，叶尖常扭转。叶边基部及上部边缘均具细齿，中肋2，为叶长的1/5。叶中部细胞线形，长60～70 μm，平滑或稍具前角突。角细胞略分化。枝叶小于茎叶，狭卵状披针形或三角状披针形。

喜生于林下石头上。保护区内见于叶坑尾和大坑口。分布于中国、朝鲜和日本，我国见于南方地区。

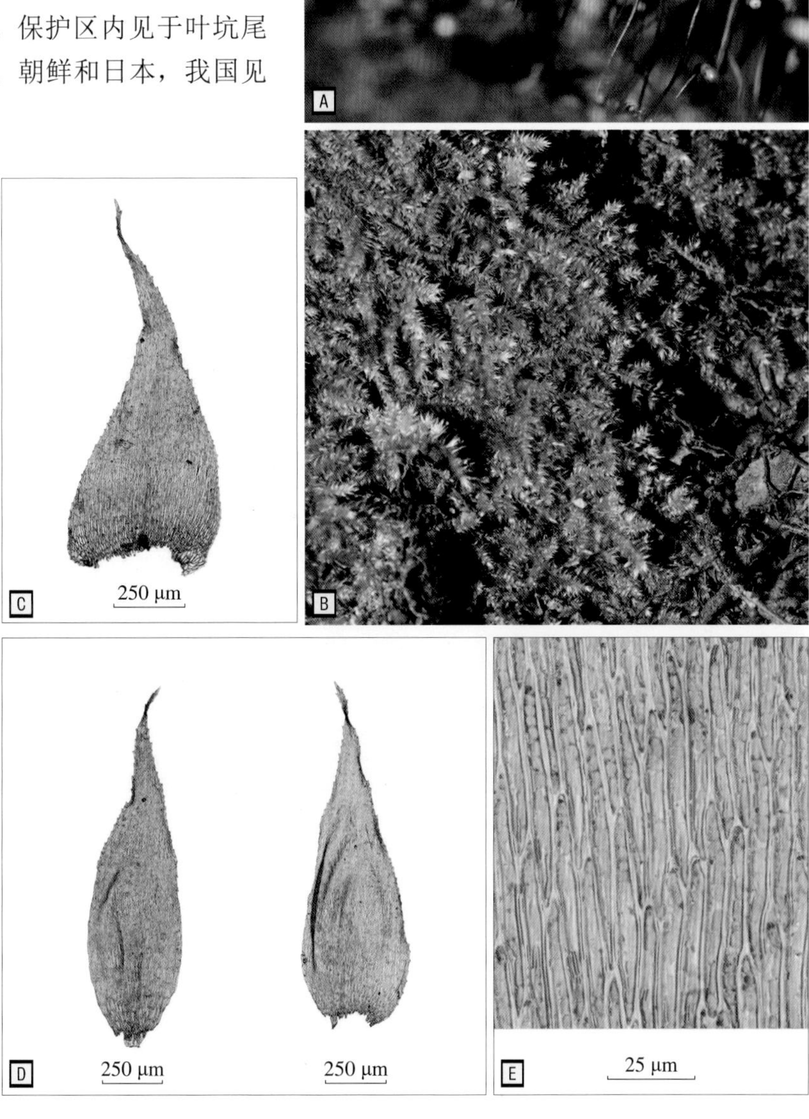

A 野外生活照，示孢子体
B 野外生活照，示配子体
C 茎叶叶形
D 枝叶叶形
E 叶中部细胞

31. 绢藓科 Entodontaceae

（1）柱蒴绢藓 *Entodon challengeri* (Paris) Cardot

采集号｜ cblzd0015，cblzd0002，CBLXH0348

植物体中型至略大，较粗壮，交织生长为密集垫状，绿色，具强烈光泽。主茎匍匐，疏松或近羽状分枝，茎、枝端急尖，茎端干时多少向基质方向弯曲。茎、枝扁平被叶。茎叶卵形，先端阔急尖至钝尖，常强烈内凹，叶边全缘，中肋2，短弱。叶中部细胞长线形，有时多少虫形。叶角区宽阔，轮廓多少近矩形，可延伸至中肋，细胞近矩形或方形。枝叶与茎叶近似，略窄小。雌雄同株。蒴柄红褐色，孢蒴直立，长椭圆形。保护区内收集的样本中暂未见成熟孢子体。本种为绢藓属内较为常见的种类。绢藓属标本常可通过其植物体具绢丝光泽，茎、枝扁平被叶（常见种类），孢蒴直立等特征以肉眼辨识；孢子体形态特征性状为本属重要的鉴定依据，采集时需留意收集成熟孢子体；显微镜下观察时需分别刮取茎、枝侧面及背腹面叶，以全面把握叶形和角区轮廓。

常生于受人类活动影响环境中的树干、树基、岩面及墙面上，保护区内见于自然学校附近林下岩面上。主要分布于东亚、东北亚和北美洲，我国南北多省区广布。

野外生活照

（2）长柄绢藓 *Entodon macropodus* (Hedw.) Müll. Hal.

采集号｜cblzd0001，cblzd0097，cblzd2021057，cblzd2021175，cblzd2021190，cblzd2021257，cblzd2021318，CBLXH0047，CBLXH0056，CBLXH0286，CBLXH0458

植物体大型，常粗壮，交织生长为密集垫状，浅绿色、嫩绿色至黄绿色，具强烈光泽。主茎匍匐，不规则分枝至近羽状分枝，枝端急尖。茎、枝扁平被叶。茎背面叶卵形，先端急尖，略内凹，侧面叶阔卵形，强烈内凹至近对折，先端内弯，基部收窄，叶缘近先端处具细齿，中肋不明显。叶中部细胞长线形，叶角区轮廓近矩形，在每侧延伸至叶基中部，细胞近矩形或方形。枝叶与茎叶近似，略窄小，角区分化弱。雌雄同株。蒴柄长可达3 cm，黄色，孢蒴直立，圆柱形，橙褐色。保护区内采集于11月的样本中可见成熟孢子体。本种亦为绢藓属内相对常见的种类。

常生于林缘光照相对充足的树基、岩面、墙面或腐殖质上，也出现于受人类活动影响的环境中，保护区内见于自然学校附近、管理局往三角塘方向的沿途。主要分布于东亚、东南亚、美洲和非洲，我国南北多省区广布。

A 野外生活照，示孢子体

B 配子体特写

C 孢子体特写

（3）横生绢藓 *Entodon prorepens* (Mitt.) A. Jaeger

采集号｜CBLXH0459

植物体相对纤细至中型，交织生长为密集垫状，黄绿色或嫩绿色，具光泽。主茎匍匐，具略密集近羽状分枝，枝端急尖。茎、枝略圆条状被叶。茎叶阔卵形，先端钝急尖至短细尖，内凹，叶边近先端处具细齿，双中肋较强劲，可达叶1/3～1/2处。叶中部细胞线形，叶角区轮廓近三角形，较阔，可延伸至近中肋处，细胞近矩形。枝叶长卵形。雌雄同株。蒴柄可达1.5 cm，偶更长，基部红褐色，上部黄色至红色。孢蒴直立，圆柱形。保护区内收集于5月的样本中仅见上一季残余蒴柄。

常生于受人类活动影响的环境的岩面、墙面、土表上，或偶见于树干上，保护区内见于自然学校附近。主要分布于东亚和南亚，我国南北多省区可见。

野外生活照

（4）绿叶绢藓 *Entodon viridulus* Cardot

采集号｜CBLXH0294，CBLXH0410

植物体中型，柔软，交织生长为密集垫状，淡绿色至黄绿色，光泽较弱。主茎匍匐，不规则分枝，枝端急尖。茎、枝强烈扁平被叶。茎叶椭圆形至椭圆状舌形，先端钝尖、阔急尖至急尖，叶缘近先端处具细齿，中肋不明显，背面叶基部强烈收窄，略内凹，角区窄，不明显分化。叶中部细胞线形，叶先端细胞短，虫形。叶角区轮廓近矩形，在每侧延伸至叶基中部，细胞近矩形或方形。枝叶与茎叶近似。雌雄同株。蒴柄黄色，长可达1.5 cm。孢蒴直立，圆柱形，褐色。保护区内收集于7月的样本中可见未成熟孢子体。本种外观与长柄绢藓多少类似，但更小型且光泽弱，显微镜下可见其独特的叶形。

常生于受人类活动影响的环境的岩面和树干上，保护区内见于三角塘自然教育径和往仙人洞村方向的沿途。分布于东亚，我国东部季风区多省区可见。

A 野外生活照

B 配子体特写

（5）螺叶藓 *Sakuraia conchophylla* (Cardot) Nog.

采集号｜CBLXH0390，CBLXH0511

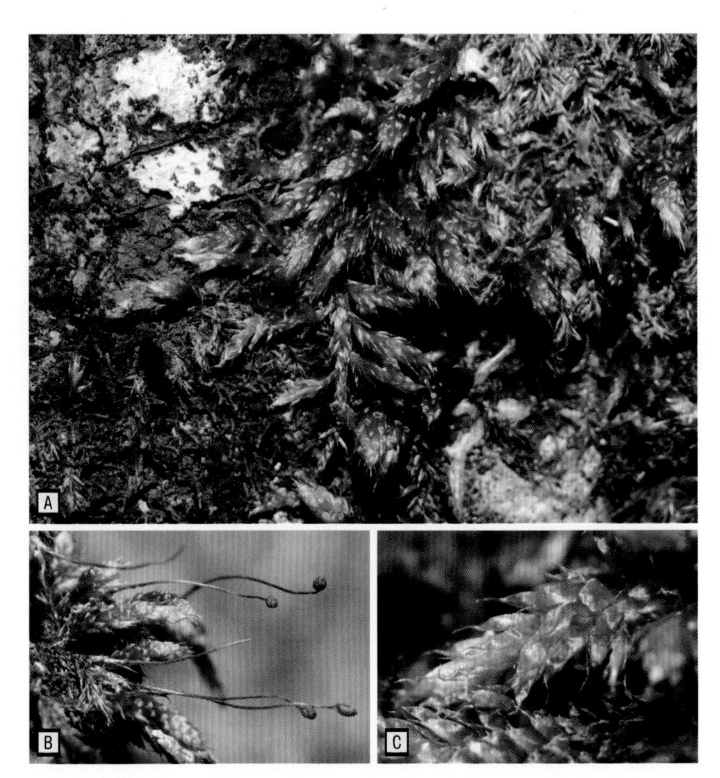

植物体中型，略粗壮，疏松交织成片生长，淡绿色至黄绿色，有时枝端带紫色，具光泽。主茎匍匐至上升，具不规则分枝，分枝常倾立，茎端及枝端常向下弯曲，急尖或细尖。茎、枝密集圆条被叶，叶干时覆瓦状平贴，湿时直展，椭圆形，强烈内凹，上部圆钝并骤狭为长锐尖，叶上部边缘具细圆齿，阔内卷，中肋鲜明，分叉或具双中肋。叶中部细胞线状菱形。叶角区轮廓鲜明，可延伸至近中肋，细胞近矩形或方形。枝叶与茎叶近同形且更大。雌雄同株。蒴柄红褐色，长1 cm左右。孢蒴近圆形至卵形，深褐色。保护区内采集于5月的样本中可见老熟孢蒴。本种因圆条状的株型和狭长叶尖而极易以肉眼辨识。

常生于山地林区树干上，保护区内见于企岭下村至尖峰崀（长坑顶）沿途海拔较高区域。分布于中国和日本，我国南方地区多省区可见。

A 野外生活照

B 野外生活照，示孢子体

C 配子体特写，示叶形

D 叶

E 叶基部角区细胞

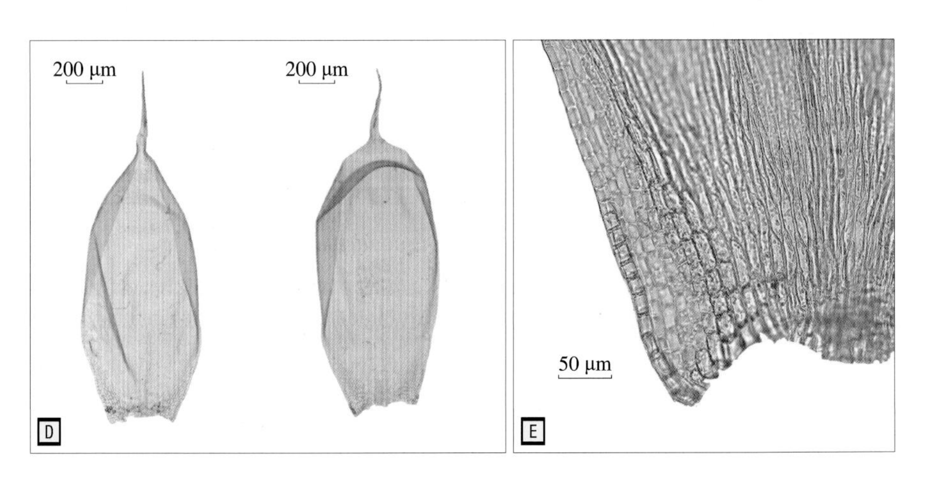

绢藓科

32. 白齿藓科 Leucodontaceae

拟白齿藓 *Pterogoniadelphus esquirolii* (Thér.) Ochyra & Zijlstra

采集号｜ CBLXH0291

植物体黄绿色或淡褐色，上升枝穗状或圆柱状，长1～3 cm，具中轴，有鞭状枝。具腋毛和假鳞毛，腋毛下部宽2个细胞，上部长2～3个细胞，椭圆形，假鳞毛少，披针形。茎叶阔卵圆形，具短尖，无纵褶，内凹，干时紧贴，湿时倾立，叶边全缘或尖部具细齿，无中肋。叶细胞壁较厚，上部细胞长菱形，背面具疣或前角突。中部细胞短菱形或纺锤形，壁厚。叶基中部细胞呈狭长卵形，角部细胞方形。

喜生于林下干燥岩面或树干上。保护区内见于三角塘自然教育径。分布于中国和日本，我国见于西藏、云南、贵州、广西、陕西、江苏、浙江、福建等地。

A 野外生活照
B 叶形
C 叶基部细胞

33. 平藓科 Neckeraceae

（1）小片藓 *Circulifolium exiguum* (Bosch & Sande Lac.) S. Olsson, Enroth & D. Quandt

采集号｜cblzd0109，cblzd0137，cblzd2021321，CBLXH0062

植物体小型，具光泽，稀疏小片状生长。主茎匍匐，支茎直立或倾立，高1～2 cm，常具尾尖，具稀疏短分枝。茎叶舌形至卵状舌形，长约1.5 mm，两侧不对称，先端圆钝尖或钝尖，叶基一侧内折，上部具不规则细齿，中肋单一，达叶中上部。枝叶小于茎叶。叶上部细胞近方形，壁厚，中部细胞六角形至菱形，长约15 μm，宽约7 μm。本种形小，叶阔而具钝尖，区别于本属其他种。

生于树干或阴湿岩面上。保护区内见于车八岭、单竹坑口和仙人洞等地。分布于亚洲和澳大利亚，我国主要见于南方地区。

A 野外生活照
B 叶
C 叶上部边缘

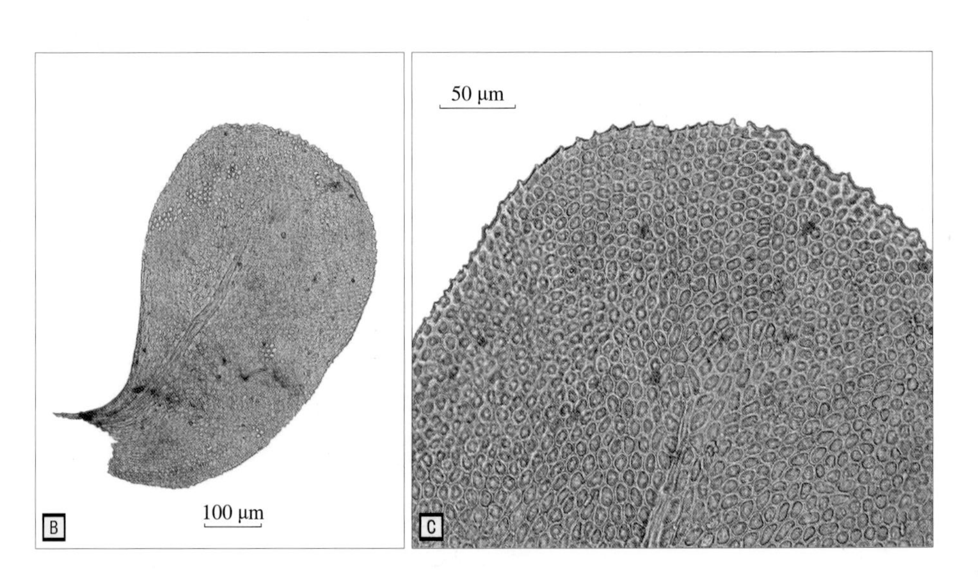

（2）残齿藓 *Forsstroemia trichomitria* (Hedw.) Lindb.

采集号｜ cblzd0061，cblzd2021193，cblzd2021210，CBLXH0290，CBLXH0281

植物体粗壮，黄绿色，多具光泽，密集丛生。支茎直立或上倾，不规则分枝或羽状分枝。茎叶和枝叶卵状披针形、披针形或三角形，先端急尖或渐尖，干时紧贴于茎上。中肋单一，细弱，达叶片中部，或具2短中肋，达中部以下。叶细胞壁较厚，中部细胞椭圆形或狭长，角细胞多数，近于多角形。雌雄同株。蒴柄长0.36～3 mm，孢蒴隐生于雌苞叶中或高出，长椭圆形或短柱形。

喜生于腐木、石壁或树干上。分布于保护区内松树坑和单竹坑。分布于中国、日本、朝鲜、俄罗斯、美洲，我国黑龙江、甘肃、陕西、河南、西藏、贵州、上海、浙江、江西、湖南、台湾等地可见。

A 野外生活照，湿润状态

B 野外生活照，干燥状态

C 植物体特写，示孢蒴

（3）疣叶树平藓 *Homaliodendron papillosum* Broth.

采集号｜ cblzd0037，CBLXH0309，CBLXH0060

植物体中等大小，灰绿色、暗绿色或黄绿色，无明显光泽。主茎纤细，匍匐，支茎直立或垂倾，上部1～3回羽状分枝。茎叶明显扁平排列，叶卵形至舌形，长达3 mm，两侧不对称，先端锐尖，具粗齿，干时具纵褶，中肋单一，达叶片中上部或叶尖下部。枝叶与茎叶形状较相似，但小于茎叶。叶细胞不规则六角形、短菱形至椭圆形，中下部细胞较长，细胞背面常具明显粗疣。本种叶细胞具疣，区别于同属的其他物种。

喜生于树干上。保护区内见于三角塘地区。分布于中国、尼泊尔、越南和不丹，我国主要见于甘肃和南方地区。

A 野外生活照
B 茎叶
C 枝叶
D 叶上部放大，示细胞具疣

（4）东亚羽枝藓 *Pinnatella makinoi* (Broth.) Broth.

采集号｜ cblzd2021195，CBLXH0305，CBLXH0284，CBLXH0354

植物体较粗壮，无光泽，常呈深绿色。主茎匍匐伸展，叶常脱落，支茎直立或倾立，1～2回密羽状分枝或树形分枝。茎叶卵状披针形，锐尖，尖部具细齿，中肋粗壮，近尖部。叶细胞壁多加厚，平滑，中上部细胞椭圆形至菱形，角部细胞短方形。枝叶明显短于茎叶，约为茎叶长的1/2。

常见于岩面及树干上。保护区内见于教育步道、三角塘及单竹坑等地。分布于中国和日本，我国西藏、云南、贵州、重庆、湖南、台湾等地可见。

A 野外生活照
B 野外生境照

34. 瓦叶藓科 Miyabeaceae

拟扁枝藓 *Homaliadelphus targionianus* (Mitt.) Dixon & P. de la Varde

采集号｜ cblzd2021307，CBLXH0416

植物体扁平，淡绿色至绿色，具光泽。主茎匍匐，支茎密生，近平行排列。叶呈4列状扁平着生，卵圆形或卵状椭圆形，两侧不对称，长约1.5 mm，叶边全缘，后缘基部具舌状瓣，中肋缺失。叶细胞平滑，方形至菱形，基部中央细胞较长，具壁孔，边缘细胞较短，近方形。

生于树干基部。保护区内见于仙人洞。分布于中国、日本、泰国和印度，我国东部季风区多个省区可见。

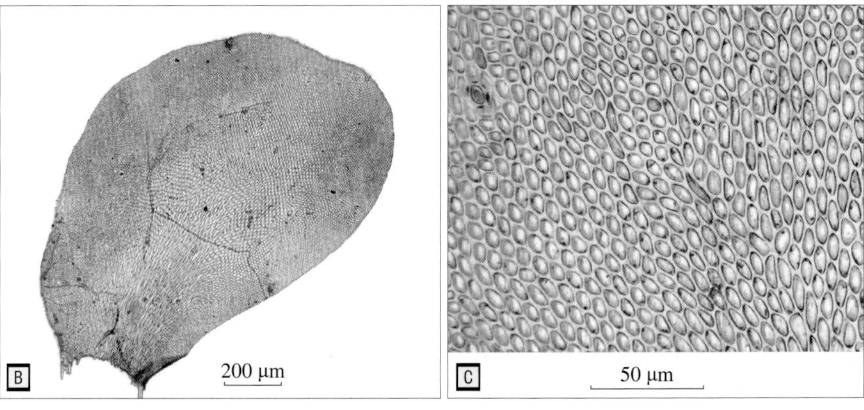

A 野外生活照
B 叶形
C 叶细胞

35. 牛舌藓科 Anomodontaceae

（1）羊角藓 *Herpetineuron toccoae* (Sull. & Lesq.) Cardot

采集号｜ cblzd2021059，cblzd2021181，cblzd0017，CBLXH0221，CBLXH0384，CBLXH0444

植物体常中型但大小多变，交织丛集、疏松成片生长，略硬挺，黄绿色至绿色。主茎匍匐，不规则稀疏分枝，支茎直立至倾立，干时枝端常向下弯曲。茎叶和枝叶近同形，枝叶较小，叶常为卵状披针形，多少具横波纹，中肋粗壮，消失于叶尖下方，上部常扭曲，叶缘上部疏具粗齿。叶中部细胞近六边形至不规则多边形，不透明，基部细胞与之无鲜明分化。雌雄异株。孢子体不甚常见。保护区内收集的样本中暂未见繁殖结构。干时支茎先端下弯为肉眼观察时本种相对直观的识别特征，显微镜下则可凭借叶特征（尤其上部扭曲的中肋）迅速鉴定。

常生于郊野和山区的岩面和树干上，也出现于受人类活动影响的环境中，保护区内见于管理局院内和三角塘自然教育径半阴处的树干及瀑布附近倒木上。主要分布于东亚、东南亚及美洲，我国南北多省区广布。

A 野外生活照
B 植株特写，示孢子体
C 叶
D 叶局部，示中肋上部

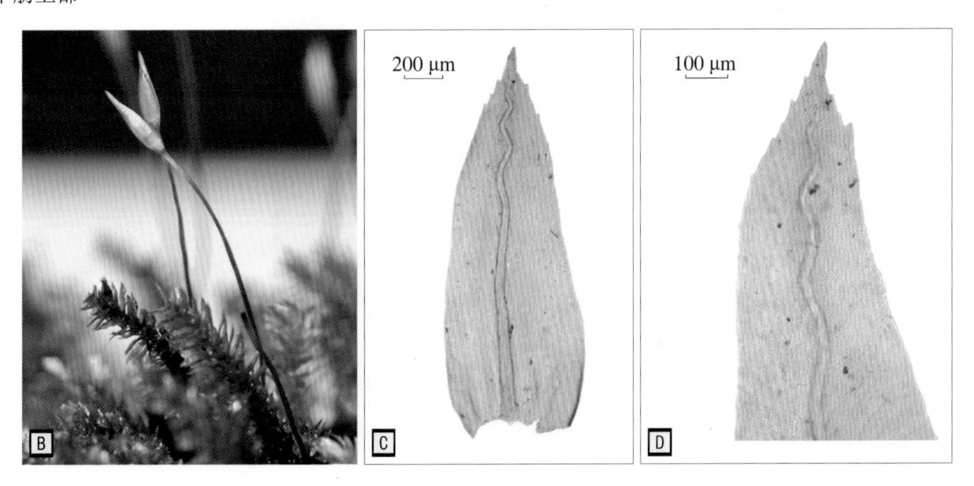

（2）拟多枝藓 *Haplohymenium pseudo-triste* (Müll. Hal.) Broth.

采集号｜ cblzd2021199，CBLXH0289，CBLXH0430，CBLXH0445

植物体非常纤细（干时尤甚），常于基质表面交织密生，黄绿色至浓绿色，无光泽。主茎匍匐，不规则或羽状分枝。叶干时覆瓦状贴生于茎、叶上，湿时倾立，茎叶与枝叶近似。茎叶卵状披针形，向上渐狭，先端急尖至渐尖，中肋常可达叶中部以上，叶缘具细圆齿。枝叶湿时展开，略小，基部卵形，向上呈舌形，先端常钝尖至圆钝，叶缘及中肋，与茎叶类似。叶中部细胞多圆角方形至近六边形，壁薄，密被疣，基部近中肋细胞长卵形，相对透明且疣少。雌雄异株。蒴柄长3 mm左右，孢蒴直立，近卵形。保护区内收集的样本中暂未见繁殖结构。

常生于郊野及山地林区的树干、腐木及石灰质岩面上，也出现于受人类活动影响的环境中，保护区内见于自然学校附近和三角塘自然教育径。主要分布于东亚、东南亚及非洲南部，我国福建、江西、贵州、重庆、台湾和香港等地可见。

A 野外生活照，示配子体较湿润的状态
B 配子体特写

（3）暗绿多枝藓 *Haplohymenium triste* (Ces.) Kindb.

采集号｜ cblzd2021258，CBLXH0223

植物体纤细（干时尤甚），常于基质表面交织密生，黄绿色至浓绿色，无光泽。主茎匍匐，不规则羽状分枝。叶干时覆瓦状贴生于茎、枝上，湿时倾立，茎叶与枝叶略近似。茎叶基部阔卵形，向上骤狭为舌形至披针形长尖，中肋达叶中部。枝叶上部常因脆弱而损毁，基部卵形，向上呈舌形，先端常急尖至圆钝，中肋单一，常消失于叶中上部，叶缘具细圆齿。叶中上部细胞多圆角六边形，壁薄，密被疣，基部细胞椭圆状卵形，基部近中肋细胞长卵形至菱形，相对透明且疣少。雌雄异株。蒴柄长可达5 mm左右，孢蒴直立，长椭圆形。保护区内收集的样本中暂未见繁殖结构。本种植株外观与拟多枝藓颇为相似，但如收集到这两个种类的样本，待植株干后，对比之下可见拟多枝藓更为纤细，而本种叶较脆，易断。

常生于与拟多枝藓近似的生境，保护区内见于管理局院内半阴处树干上。主要分布于东亚、欧洲、北美洲以及夏威夷及非洲东部岛屿，我国南北多省区广布。

A 湿润状态下的配子体特写

B 野外生活照，示干燥状态下的配子体